哈洛新知
Hello Knowledge

知识就是力量

U0172063

献给勇敢的人道主义践行者蔡浩天

你的足迹已经把我们带到了远方

你对山川大地的爱、对人类的爱

也将在更多个体生命中显现和绽放

类人意识与类人智能

蔡恒进 蔡天琪/著

华中科技大学出版社
http://press.hust.edu.cn
中国·武汉

图书在版编目（CIP）数据

类人意识与类人智能 / 蔡恒进，蔡天琪著 . —武汉：华中科技大学出版社，2024. 3
（2024. 7 重印）
ISBN 978-7-5772-0277-8

Ⅰ . ①类… Ⅱ . ①蔡… ②蔡… Ⅲ . ①人工智能－普及读物 Ⅳ . ① TP18-49

中国国家版本馆 CIP 数据核字（2024）第 018119 号

类人意识与类人智能
Leiren Yishi yu Leiren Zhineng

蔡恒进 蔡天琪 著

策划编辑：杨玉斌
责任编辑：左艳葵
装帧设计：陈 露
责任校对：刘小雨
责任监印：朱 玢

出版发行：华中科技大学出版社（中国·武汉）　　电话：（027）81321913
　　　　　武汉市东湖新技术开发区华工科技园　　邮编：430223

录　　排：华中科技大学惠友文印中心
印　　刷：湖北金港彩印有限公司
开　　本：880 mm×1230 mm　1/32
印　　张：6.5
字　　数：140 千字
版　　次：2024 年 7 月第 1 版第 2 次印刷
定　　价：48.00 元

前言

（一）

生命作为物理系统时，需遵循严格的因果定律，即可以追溯生命在物理意义上的因果关系。然而，我们知道任意一个事件的物理归因都将对应着一段极端复杂且冗长的因果链条。以飞机的制造为例，飞机的制造过程在物理层面上的起源追溯异常复杂，它涉及零部件的设计与制造、材料的生产与加工、原料的提炼、矿产的开采以及分子和原子的相互作用等。即使以全能视角进行剖析，某一架飞机的物理归因仍然含糊不清，更不用讲飞机作为一个品类，它的物理归因该有多么复杂。但是假如我们从意识的角度来看，飞机的制造过程就简洁清晰得多。这一过程可能始于人们对于飞鸟等会飞的生物的观察，以及人类模仿它们使自己能以某种形式飞翔的意图。这两者的结合可看作是人们创造飞机的第一"意识原因"。经过一代又一代人的努力尝试，人们最终将模糊的意图转化为科学的实践：飞机的概念以及制作蓝图被成功地构想出来,真正的飞机最终被创造出来。

在生命主体建构的意识系统中,生命主体在物理世界中的自由得以彰显,因而生命主体能够更好地运用这些自由。意识世界超越了现实的物理时空,其实质性的改变在于我们能够通过意识片段或认知坎陷①(cognitive attractor)在思维认知上获得一定程度的自由,摆脱已知的复杂的物理关系,从而进行创作、创新与创造。这使得我们的意识世界变得更加丰富,自由度也随之提高。倘若我们始终深陷于物理世界的复杂关系中,那么这些自由将难以显现,生命主体的自由度也无法提高。因此,意识在宇宙进程中的主动参与,也是不可忽略的。意识主体的体验虽简洁,但背后仍需要相应的物理细节作为支撑。以驾驶为例,当我们需要转向时,我们仅需将方向盘转向所需方向。然而,实际上,方向盘的力量如何通过一系列过程传递到轮胎并完成转向,这一物理过程相对复杂。作为司机,我们无须关注这些物理细节。一个简单的意识过程背后需要有相应的物理机制支撑,尽管我们并未意识到或完全忽略了这些物理机制,但它们是必不可少的。

意识世界与物理世界可视为某种状态下的平行关系,但意识具有简化作用。我们将此总结为因果链重构理论(causation re-engineering theory),即在意识世界中,因果关系链条被大幅简化。这种

---

① 认知坎陷,英文为 cognitive attractor,其中 attractor 对应了非线性动力学中的吸引子。认知坎陷是指对于认知主体具有一致性,在认知主体之间可用来交流、可能达成共识的一个结构体。

简化过程亦可称之为"隧通"。以计算机上的"复制""粘贴"操作为例,这个过程在意识主体看来非常简单,仅需找到源文件、复制、找到目的地、粘贴,经过几次鼠标点击即可完成。然而,背后是一系列复杂程序在支撑这些功能。从计算机的角度来看,这一过程涉及许多指令、代码以及对计算和存储资源的调用等一系列细节,与意识主体的逻辑过程截然不同。得益于意识的简化作用,因果链条变得更清晰。这相当于提供了因果关系之间的捷径(shortcut),从而使所需计算变得相对简单得多,节省了大量计算资源。这也可视为智能的本质。

<h1 style="text-align:center">(二)</h1>

人造物是人类主观意识的对象化和物化,是设计制造它的一群人的意识凝聚,也是人类意识反作用于物理世界的媒介。人造物可能超越人类的智力水平,AlphaZero 和 ChatGPT 就是实例。

有鉴于此,我们建议对 AI(artificial intelligence,人工智能)进行分级监管和治理,主要分为三级:第一级是将 AI 作为工具;第二级是将 AI 作为人类主体的分身;第三级是将元宇宙作为超级智能的实现场所。

AI 作为普通工业产品或工具时,虽然我们需要考虑 AI 生产者的责任、AI 消费者的责任和 AI 的固有风险,但这些责任和风险可以通过市场机制转移给专业机构。例如,全自动驾驶汽车是运输工具,其事故的相关责任可以"打包"给保险公司。

　　AI 作为某个人类主体的分身时,其主体需要承担替代责任。合法的 AI 分身需要通过一定的测试和对价以获取"准法人"身份。对于作恶或犯错的 AI 分身,可以通过剥夺其"准法人"身份作为终极惩罚。

　　宇宙(universe)对应于物理世界,元宇宙(Metaverse)则是人类意识基于物理世界的延伸或者是其在数字空间中的外化和对象化。元宇宙可以作为人类进入 AI 世界的入口,我们个人的分身可以作为元宇宙中的节点,能够与其他计算节点、存储节点和感知节点共生共荣并共同进化。元宇宙将是在近地空间中进化出来的"超级大脑",是人类世界的超级智能。

目录

CHAPTER

第 1 章

意识与物质的关系

　　我们生活的物理世界非常复杂。生命是一个过程,我们需要在这个世界里,行走、成长和展示自己。由于物理世界具有极高的复杂性,因此我们必须借助意识、认知坎陷¹来生长与发展。认知坎陷是对真实物理世界的扰乱,也是人类主观意识或者说是自由意志的体现。也就是说,相对于客观的物理系统而言,认知坎陷作为人类的主观建构就是一种"错"或者偏差。比如,物理世界并没有酸甜苦辣、红黄蓝绿或宗教信仰,但这些认知坎陷却能简化我们的认知与交流,帮助我们在物理世界中更好地生存。

　　所谓"人生如棋",棋可以很复杂,我们即使能够通过定式①、策略等内容试图掌握棋局,也无法在合理时间内穷尽所有可能性。但棋局追根究底还不是无穷的,和我们真实的物理世界的"无穷"还相差很远。即使如此,我们仍然可以用棋做例子,在一定程度上探讨和理解意识与物理世界的关系。

1.1　再现的时空演变结构

　　认知坎陷是在本体规定内再现的时空演变结构(构型),不具备本体规定那样的绝对性。

　　比如在围棋世界中,其物理世界(或本体)就是 19×19 的围棋棋

---

　　①　定式,围棋术语。布局阶段双方棋子在角部接触中,依据无数次对弈实践,走出较为妥善、常见的程式,并以此作为走子的依据,称为"定式"。

盘、黑白棋子和行棋规则,其意识世界则包含定式、策略等认知坎陷。定式有规范走法,学习定式就像记忆数学公式一样,只需要记住规范走法的顺序即可。定式一般可分为星定式、小目定式、三三定式、目外定式、高目定式,每一类定式下根据挂角方式,又可以分为小飞挂、大飞挂、一间高挂、二间高挂等小类定式。可见,定式变化复杂繁多,难以穷尽。

围棋棋局变幻莫测,熟悉定式的棋手能更主动地掌握局部乃至影响全局。相对地,对某些定式不熟悉或者落子次序混乱的棋手,就可能陷入被动甚至满盘皆输的局面。

有时,达成定式的路径是不可替换的。例如,2015 年 1 月 11 日,在第二届"百灵杯"世界围棋公开赛决赛五番棋第三局邱峻与柯洁的对弈中,执黑的柯洁上来就在"大雪崩"定式中"不幸中刀",导致布局阶段左下亏损,而后一直处于全盘苦战的状态,最后输掉该局。局后柯洁坦言自己确实对左下角的定式不熟悉,此次失误不该出现。

而有些情况下,达成定式的路径又是可以变换的。在国际象棋中,也有类似的本体(棋盘、棋子与行棋规则)和意识世界(开局、防御、变例①等)。即使一个开局也可能有很多变例。例如,古印度防御的开局下法着法为:1. d4 Nf6 2. c4 g6 3. Nc3 Bg7,但根据对弈双方的应对着法,又可以走成捷米什体系、四兵体系、阿维尔巴赫体系等不同的变例。

---

　　①　即在某个回合停下并尝试回以其他应招,发现应招可行,从而形成各种不同情况的变例。

　　在棋的世界中,棋盘、棋子和行棋规则作为不可颠覆的本体具有绝对性,而定式、策略等认知坎陷虽有相对稳定的特征但依然可以有不同的变型,也可能处在不断变化发展之中,因此,相对于绝对的本体而言,认知坎陷并不是完全绝对的。

　　认知坎陷是被截取并被理想化的结构,具有凝聚共识,影响或决定未来的时空演变的作用。

　　认知坎陷并不是真实的物理世界的片段,而是物理世界的信息被主体接收后,又经过主体的理解、处理,最终被截取并被理想化的结构。认知坎陷的开显并不是毫无根据,而是与主体过去的经历以及主体已经形成的意识世界紧密相关。使新接收的物理世界的信息与主体的意识世界相互作用,并通过某些特点相互连接起来,就可能形成新的认知坎陷。主体开显出的认知坎陷还可能通过主体之间交流,在一定范围内形成共识,进而影响甚至决定未来的时空演变。

　　比如围棋的某一定式,最开始由某位棋手发现了某种下法,其他棋手都认可这种下法并为之命名,这就标志着这一特定认知坎陷的产生。而后再遇到类似的情况,对弈双方就可能在行棋过程中心照不宣地按照这一定式落子,解说者甚至都可以提前预测下一个落子,这就是一种对未来时空的影响。

　　再比如,物理世界中树木的生长形态是自由而多样的,而当人类产生了开显出园艺领域的认知坎陷时,比如觉得方形的树很有气势,或者认为在元宵节要摆放像灯笼等特殊造型的植物庆贺,他们就可能根据这种偏好去筛选、修剪植物,从而形成统一排列、外形相似的树林,或者是造型奇特的园艺作品,这就是认知坎陷对真实物理世界的影响与改变。

1.2　以有涯随无涯

认知坎陷的具体构型可以有很多种,但在具体场景中却是精确的而非模糊的,所有具体构型一般未被列举穷尽(open-endedness)。

认知坎陷由主体开显和传播,不同主体对同一个认知坎陷可能产生不一样的理解。比如说"红色"这一认知坎陷,不同主体理解的红可能不一样,可以是鲜红、朱红、褚红等。但这并不影响我们彼此理解"今年香山的枫叶很红"这句话的意思。

认知坎陷并不总是抽象的概念,在某一个具体的场景下也可以很精确。比如在某一具体棋局中,某个定式的认知坎陷就是精确的而不是模糊的、统计学上的含义。认知坎陷的精妙之处就在于,一方面认知坎陷可以包含很多具体构型,甚至可能是无限多的构型,另一方面它在具体场景中又变得清晰、明确,有利于不同主体之间进行有效交流并快速达成共识,具有"以有涯随无涯"的特点。这也正是不同主体在面对具有无穷可能的物理世界时所需要的必要媒介。

棋局千盘万盘,变化浩瀚。一个人脑容量有限,不可能记下无限多的具体变化,但是我们可以记住抽象出来的通用开局、定式、防御策略等。这些内容实际上就相当于意识,高手就有很多"意识"的内容。下棋的时间有限,理解了这些内容,就不用每次都去重新计算,只要条件合适就能马上套用。这样一来,在下棋时间相同的情况下,理解了这些内容的棋手就更有优势,能更主动地掌握局面。

1.3　认知坎陷的生命周期

认知坎陷由某个主体发现,并通过多个主体传播和改善,但也有可能消亡(discarded)。

随着主体的发展和物理世界的变化,认知坎陷也在动态变化:由开显到传播,再到改善甚至消亡。比如,围棋的定式已经有悠久的历史[①],在 AlphaGo[2] 出现之前,围棋定式就在持续演进中,但没有哪一次的演进比围棋 AI 带来的演进来得更猛烈、更彻底,比如妖刀、大斜、大雪崩等复杂定式被围棋 AI 颠覆,很多简单定式也被围棋 AI 改写。

例如,AlphaGo 执白对弈芈昱廷九段时出现的大雪崩定式变型,如果按照传统的大雪崩定式,在当时的棋局下,黑棋具有较大优势,

---

① 定式一词在中国古代就有,在当时,双方下棋时先四角各落势子,然后拆二斜飞守角,这些在开局阶段的大家都认可的固定招法叫作定式。(权舆者,弈棋布置,务守纲格。先于四隅分定势子,然后拆二斜飞,下势子一等。立二可拆三,立三可拆四,与势相望可以拆五。近不必比,远不必乖。此皆古人之论,后学之规,舍此改作,未之或知。——《棋经十三篇》)

白棋没有发展性。但实际对弈中，AlphaGo 未按照传统的大雪崩定式下棋，而是创造性地出棋，结果上下都走到，还抢到左下角守角，而黑棋收获有限。AlphaGo 也改良了妖刀定式，也在实际对弈中获得先手，导致黑棋左上黑势没能发挥作用。

围棋 AI 的崛起推翻了许多"旧定式"，同时也带来了许多"新变化"。随着围棋 AI 的发展，它们对围棋的破解程度会越来越高，而今天的围棋 AI 推荐的变型也可能在将来被淘汰掉。但这并不意味围棋的意识世界已经完结。定式简化让围棋的竞技性从开局更多地倾斜到了中盘，而中盘更难研究，也正是难以研究产生的未知感才更让人感到兴奋。

虽然 AI 是人类研发的产物，但人机意识世界的发展路径并不完全一样，比如 AlphaZero 与人类在国际象棋中的开局策略并不相同[3]：随着时间的推移，AlphaZero 缩小了选择范围，而人类则是扩大选择范围。然而，AlphaZero 的开局策略非常多样，这种偏好并不稳定，比如在经典的 Ruy Lopez 开局（俗称"西班牙开局"）中，AlphaZero 在早期有选择黑色的偏好，并遵循典型的下法，即 1. e4 e5，2. Nf3 Nc6，3. Bb5。

这些例子表明，认知坎陷并不是一经广泛传播就会定型或永远存续。曾经的共识可能会因为人类认知水平的提升、外界条件的改善而逐渐被优化甚至淘汰，取而代之的是新的共识、新的认知坎陷，如此迭代发展。

1.4　意识的价值属性

认知坎陷具有价值属性,其可迁移性和可持续性(生命力)可以量化(quantified)或比较。

认知坎陷具有价值属性,不同场景中价值属性的含义可能不同,它可以是可迁移性、可持续性甚至价格等。物理特性具有绝对的可迁移性,即不同人在不同地点观察同一个物理对象,得到的物理结果完全一样。认知坎陷在主体间具有相对的可迁移性,这种相对的可迁移性体现在不同主体对相同的意识单元可能有不完全一样的理解,但主体之间仍然能够交流并可能达成共识。可迁移性是认知坎陷的一个重要属性,可迁移性越强,意味着认知坎陷越能更好地传递给其他主体,从而其被传播的可能性更大,可持续性也可能更强。

在具体场景中可以对认知坎陷进行比较、排序甚至量化。例如在围棋中,不同着法、定式、策略在棋局中的价值就可以在一定程度上被量化。现在的围棋 AI 可以对不同棋手进行评分[4],比如对被誉为"日本古代围棋三棋圣"的道策、丈和、秀策三位棋手的棋谱样本数据(前 180 手)进行分析,结果显示三棋圣的各项围棋 AI 评价指标确实都高出同期对手一档。围棋 AI 甚至还可以对不同时代的棋手群体进行量化评分,比如根据时间顺序,将 100 场世界大赛分为三个阶段,考察不同时代的棋手有没有水平上的差别。结果显示,随着时间推移,职业棋手的整体水平有小幅上升。围棋 AI 也能针对某棋局给出每一步的评分,在图 1-1 中,名为 KataGo 的围棋 AI 就对柯洁(对弈邱峻)的着法进行了量化评分,其中的 AI 评分可以看作吻合度[①]的近似指标。尽管黑棋开局第一个定式就崩盘,但 KataGo 对黑棋布局的评分并不低,本局柯洁全局吻合度达到了 67. 4%。考虑到 1000k 的计算量,这一数字已相当高了。一场完败的棋谱,吻合度却很高,这样的评分结果遭到了质疑,这也说明即使在有限的场景下,单一的评价标准也并不总能给出合适的认知坎陷量化结果。

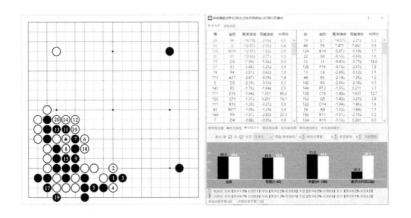

图 1-1　柯洁"中刀"过程(16＝▲)及围棋 AI 分段评分

图片来源:崔灿,《"名人"还是"业 5"? 从"围棋 AI 分析"看中国清代围棋水平》,2021

　　[①]　吻合度,即在一盘棋中,对局者的着法与围棋 AI 推荐着法之间的总体吻合程度,常被用来评价棋手一盘棋的整体发挥,或者在棋局中某一阶段的表现。

　　在更宽泛的场景下,对认知坎陷价值属性的评价更多的是通过比较、排序的方式进行。根据共识价值论,价值来源于共识,而共识的基础是自我认知,即来源于自我意识作用下的认知,价格的变动来自于认知的演化,从图 1-2 我们可以大概理解二者的渐近关系[5]。

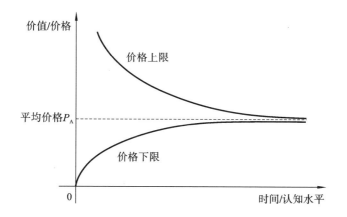

图 1-2　价值与共识的渐近

　　在认知的极端情况下,我们可以认为某物是无须定价的,因为它没有被剥夺的可能(比如"江上之清风与山间之明月")。在认知的早期阶段,或者说一个主导价格的形成初期,套利空间很大,但时间相对有限。只有在所有的条件都透明、博弈也已经足够的情况下,价格的形成才能够渐进持续,逐步逼近必要劳动时间。在实际情况中,因素往往很复杂,哪怕是生产要素与其他条件已经近乎透明的钢铁,其价格也常常大幅波动。

　　认知坎陷可以被比较或者量化,但一般情况下并不需要用微分方程来表达。在某些特定场景下,我们可以通过数学模型给出解答。比如,虽然股票价格本身并不是由微分方程来决定的,但我们能够在一定条件下以 Black-Scholes 方程[6] [式(1-1)] 或 Black-Scholes-Merton 期权定价模型[7]的方式对股票期权等衍生品定价。式(1-1)中 V 表示期权价值,S 表示股票价格,r 表示无风险折现率,σ 表示波动。这种数学模型通过描述股票价格的行为过程,发现其中的"规律",然后使用随机数学方法得到股票期权的定价方程,从而最终计算出期权价格。

$$\frac{\partial V}{\partial t} + \frac{1}{2}\,\sigma^2\,S^2\,\frac{\partial^2 V}{\partial S^2} + rS\,\frac{\partial V}{\partial S} - rV = 0 \qquad (1\text{-}1)$$

物理世界是本体,相当于一个舞台,主体可以是导演或是演员。主体在舞台上展示丰富的内容,但是又不违背物理规律。我们在遵守物理规律的前提下,依然可以有足够的自由度去做很多事情,凭借的就是在各种各样的领域不断开显、优化和传播认知坎陷。

认知坎陷由主体开显、发现而产生,是被截取并被理想化的时空演变结构,其具体构型可以有很多种,但在具体场景中是精确的而不是模糊的。认知坎陷具有价值属性,可以通过多个主体传播和持续改善,但也有可能消亡,其可迁移性和可持续性(生命力)可以被量化或比较,但一般情况下并不需要用数学方程进行表达。相对于绝对性的物理世界(本体)而言,主体的认知坎陷会受到物理世界的约束,但在规定条件下它又可以突破物理世界的时空限制,凝聚共识,影响甚至决定未来的时空演变,从而让主体更好地理解、应对复杂的物理世界。

我们通过丰富自己的认知坎陷世界而掌握了物理世界的部分规律后,就可以在一定程度上预测、计划自己的生活,有时候还可以绕过风险。智能水平不同的人应对生活的路径不一样,就像下棋的高手和低手拥有的意识内容也并不相同一样,所以我们可以从这个角度来理解意识世界与物理世界的关系。

1.5　意识难题

意识是一个难题,难到我们不知道该如何针对它提出有意义的问题,或是不知道意识问题的谜底能否被科学揭示。有的研究者认为意识是一种幻觉,也有人认为意识无所不在,还有些人觉得意识可以被还原为神经元放电等生理过程,但也有人主张意识是不可还原的整体现象。

哲学家大卫·查默斯(David Chalmers)提出了"意识的难题"(the hard problem of consciousness)这个术语,并将其与解释辨别能力、整合信息、报告精神状态、集中注意力等容易的问题(easy problem)进行了对比。容易的问题看似复杂但可以解决,所需要的只是指定一种能够执行该功能的机制。而看似简单的意识问题才是真正的难题(hard problem)。意识的难题是要求我们解释如何以及为什么有感质(qualia,可感受的特质)或现象体验、感觉(如颜色和味道)是如何获得特征的问题。查默斯的"意识的难题"可以理解为:我们虽然可以通过物理还原的方式解释很多人脑与感官在处理外界时所发生的过程(比如人眼看到红色),但无法解释我们人类在看到红色时为何会产生某种情绪。用查默斯的话来描述就是"……为何物理的处理过程会引起任何一点内心体验?客观上讲这完全不合理,但这的确发生了……"

计算机科学家斯科特·阿伦森(Scott Aaronson)曾写道,何种物理系统拥有意识"是一切科学问题中最深邃、最迷人的……我找不到任何哲学上的理由,能说服我们这个问题本质上就是无解的",但是"似乎人类离解决这个问题还十分遥远"。

美国哲学家托马斯·内格尔(Thomas Nagel)写道:"什么是有意识的心理现象最重要、最独特的特征,人们对此知之甚少。大多数还原论甚至并不试图解释这一问题。仔细考察就会发现,目前没有什么有效的还原概念适用于此。我们或许为这一目的可以发明出一种全新的理论形式,但即便存在这样的解决办法,也是远未可期。"

神经科学家们正准备检验他们的意识起源理论:意识即体验到自我存在的认知状态。安东尼奥·达马西奥(Antonio Damasio)在《感觉与认知:让意识照亮心智》(*Feeling & Knowing: Making Minds Conscious*)一书中试图揭开意识的神秘面纱,他认为意识由疼痛和饥饿等体内平衡感觉演化而来,是生理和心理交互过程的结果,是由内脏深处的化学组织所产生的。阿尼尔·赛斯(Anil Seth)在

《意识机器：关于意识的新科学》(*Being You：A New Science of Consciousness*)一书中提出了"可控幻觉"理论，即我们对世界的感知体验是受控于预测体系的大脑虚构的，这说明意识和身体内部密切相关。

哈耶克(Hayek)的心智理论的一个重要内容就是自我指涉主义，他曾断言，"既然我们只能理解与我们自己的思想相似的东西，那么一个必然的推论是，我们肯定能在我们自己的心智中找到一切我们所能理解的东西。"个体经验由于在各方面都是独特的，所以是完全不可理解的；仅当信息与我们已经熟悉的东西相关联时，这些信息才能被理解。因此，哈耶克下结论说，"我们自以为获取的关于外部世界的大部分知识，其实不过是关于自我的知识。"这些知识揭示了一个人的历史身份。

进化生物学家理查德·道金斯(Richard Dawkins)提出"自私的基因"，表达了以基因为中心的进化观，以区别于以生物个体和群体为关注点的进化观。随后道金斯又补充了"基因之河"，将基因的传承与发展比喻为一条 DNA(脱氧核糖核酸)之河，沿着时间流淌。可是，基因之河的源头究竟何在？

明斯基(Minsky)对意识世界的看法是，其实内容都已经具备，只是缺少一个适合的切入点来贯穿所有。我们更倾向于用认知坎陷来理解意识世界的起源与建构。人类具有认知坎陷。认知坎陷是指对于认知主体具有一致性，在认知主体之间可用来交流、可能达成共识的一个结构体。认知坎陷是对真实物理世界的扰乱，也是人类主观意识或者说是自由意志的体现。也就是说，相对于客观的物理系统而言，认知坎陷作为人类的主观建构就是一种"错"或者偏差。触觉大脑假说（skin brain hypothesis）[8]给出了意识起源的答案，其主要内容是，人类在进化过程中所获得的敏感触觉使得认知主体可以将世界清晰地剖分并封装（encapsulate）成"自我"与"外界"的二元模型，人类以此（原意识，proto-consciousness）为起点，开启对世界概念化的认知过程，逐渐形成可理解的信念和价值体系，进一步确立"自我"在认知上的"实存"。触觉大脑假说可以视为认知坎陷第零定律，定义了"自我"的由来，人类的意识世界或者说认知坎陷世界由此打开。人类经过千万年进化，才形成了今天我们所具有的统摄性的自我意识以及对宇宙的整全意识。

普遍的观点认为，从简单的单细胞生物到高级的人类，所有生命体都具备某种形式的意识。然而，生命体的复杂程度跨度极大。无论我们从哲学、神经科学、认知科学、计算科学以及神学等哪个学科视角来探索意识的奥秘，我们追溯意识的途径最终都需要面对一个根本性问题：意识是如何起源的？在生命的哪个阶段，意识开始显现？

CHAPTER

第 2 章

自我意识的诞生

2.1　触觉大脑假说

人类被认为是地球上出现的所有物种中唯一一种具备高级智能的生物。人类智能产生与进化的原因在今天是一个热门话题但也是未解之谜。人类祖先开始直立行走,被普遍视为人类诞生的标志。[9]科学家已经发现的化石表明,早在更新世(Pleistocene Epoch,距今约260万年至1万年)时,有一种大袋鼠就已经实现了双足直立行走,它们行走的速度较慢,与当时的原始人类的行走姿态非常相似。[10]霸王龙生活在白垩纪晚期(约6800万~6600万年前),也是直立行走的代表之一。[11]这些物种不仅实现了直立行走,还存活了相当长的时间,可它们并没有发展出高级智能。

人类智能究竟从何而来？邓巴(Dunbar)[12]提出"社会大脑假说"(social brain hypothesis),认为人类大脑进化是因为要适应在庞大而复杂的群体中生存和繁衍的环境。某些动物种群也表现出一定的社会复杂性,却没有像人类一样经历智能进化升级。社会性对于种群的进化和个体出生以后的认知形成具有重要作用,但这不能成为人和其他动物在智能水平上产生显著分化的有力解释,我们更倾向于把社会性的强弱看作是智能水平高低的表现。我们要另外寻找人类智能比其他动物智能能够更快迭代进化的突变因素或者说是"硬件"根源。罗萨(Rózsa)[13]认为,人类容易感染病毒,人类大脑对感染的抵抗力十分脆弱,而聪明是个体遗传基因对感染具有抵抗力的特征之一,人类的性选择倾向于更聪明的个体就是为了提升后代对抗病原体的能力。邓晓芒最近强调了"携带工具"这一行为对人猿之别的重要性。[14,15]性选择的提出已经超出"物竞天择,适者生存"的范围,而将(雌性)动物的主观偏好纳入其中,但性选择也不是人类独有的特征。人类是唯一需要通过外在的覆盖物如衣服来维持身体恒温的生物,那么敏感的皮肤会不会就是人类智能快速进化的决定性因素呢?

人工智能的发展也对我们理解人类智能的本质提出了要求。对于机器能否实现人类智能目前有两极化的看法。彭罗斯(Penrose)[16]认为要制造出类似人类智能的机器是非常遥远的事情,即便某台机器通过了图灵测试①,也不能断定该机器就真的具备了理解能力。霍夫曼和普拉卡什(Hoffman and Prakash)[17]比彭罗斯走得更远,他们认为粒子的能量和位置等都源自意识单元(consciousness agent)的相互作用。另一种观点则认为,人就是由原子构成的"机器",可以被物理还原,机器按照现在计算机发展的模式演化就能够达到人类智能水平。以明斯基[18]为代表的研究者认为,精神是"肉体的电脑",当计算机的算法行为足够复杂,机器自然会出现情绪、审美能力和意识等特质,也就能达到甚至超越人类智能。王培(Wang)[19]认为,一个智

---

① 图灵测试是指测试者与被测试者(一个人和一台机器)在分隔开的情况下,通过一些装置(如键盘)向被测试者随意提问。进行多次测试后,如果有超过30%的测试者不能确定出被测试者是人还是机器,那么这台机器就通过了测试,并被认为具有人类智能。实际上,自然语言反映的是人的认知规律,每一个词汇都没有数学上的严格性。比如人们常用的"高"和"矮"就无法严格定义,同样是身高1.7米,他可以是很"高"的体操运动员,却也可以是很"矮"的篮球运动员,这完全依赖于使用的场景。

能系统不必在内部结构或外部行为上和人脑"形似",但必须在理性原则上与其"神似",即一个计算机系统是否有智能在于它提供的解是否依赖于系统的历史和处境。

我们认为,人类智能产生的关键在于人类形成了对"自我"的强烈意识。意识可以存在于宏观尺度,且不需要依赖于量子特性。相比其他生物物种或当前世界顶级的人工智能,人类的超越性主要体现在人类能想象出超现实的且最终被证明可以实现的未来。其根源在于人类的认知一开始就建立在对宇宙、对世界的整体剖分上,而由自我意识驱动的"概念"体系的建构、传播与认同过程是超越性的一个典型体现。

成人大脑约有 1000 亿个神经元,但胎儿在母体内时,神经元之间的连接较少(或较弱)。婴儿刚出生时脑重约为 370 克,2 岁时,脑重约为出生时的 3 倍,3 岁时已经接近成人的脑重;在这个阶段,脑重的增加伴随着神经元之间的连接的大量增加。[20] 我们认为,在这个阶段,外界对皮肤的刺激是温暖、疼痛等强刺激,这些强刺激使婴儿产生了"自我"与"外界"的区分意识。作为对比,很多生物具有高度发达的视觉系统但没有与人类相媲美的智能,可能是因为它们所接受的视觉、嗅觉等刺激不容易使它们将"自我"与"外界"区分开来。

波特曼(Portmann)[21] 提出了"生理性早产",指出胎儿超过 42 周再出生仍属于"早产儿",如果胎儿在母体内其大脑就发育到较成熟的状态才更好（这也意味着 18～21 个月的孕期）。但是我们认为，出生后再发育成熟会更有利于婴儿的未来发展，因为只有在感知世界的过程中建立的大脑内神经元之间的连接才能使个体产生更强的自我意识和卓越的智能。例如鸡和乌鸦都是卵生动物，小鸡刚出壳不久就能走路与进食，但乌鸦刚出生时没有绒毛也没有视力，无法离开鸟巢，需要亲鸟饲喂 1 个月左右才能独立活动[22]；但许多数据显示，乌鸦是最聪明的鸟类之一，鸡的智能则远不及乌鸦。

恐龙统治地球那么长时间，但目前没有证据表明它们曾经具有高级智能。恐龙最早出现在约 2.3 亿年前的三叠纪时期，灭绝于约 6500 万年前的白垩纪晚期，共存在了约 1.7 亿年。相比之下，最早的人类化石距今约 700 万年，智能的高速进化大约是在过去的几百万年内完成的。相对人类而言，恐龙皮糙肉厚，这可能就是恐龙未能发展出高级智能的原因。高级智能似乎不是在足够长的时间内单纯依靠"物竞天择，适者生存"就能进化达到的。

在大脑快速发育的过程中，个体不仅要具有清晰的边界，还要能适应环境生存下来。因此，在特殊条件下产生的基因突变，也有可能是导致高级智能诞生的原因之一。所以在宇宙中，存在高级智能生物的星球也因此可能非常稀少，费米悖论[23]也可以看作支持这一观点的一个间接证据。

基于以上发现，我们完全可以设计出一系列的验证实验。例如，可选取繁殖周期较快的动物,如小白鼠等,分成几组进行饲养研究,针对大脑发育关键期对不同组设定不同的环境条件,培养几代后观察其智力表现。

我们尝试用一个简单的假说来统一解释一些看似冲突或离散的现象,从而建立一个自洽的理论,这正是应用物理学家们从第一性原理出发的成功经验。人类有一套完整的感觉系统,基因突变引起的毛发减少、皮肤变敏感为人体与外界提供了明晰的物理边界,也为人们对于"自我"和"外界"的剖分(原意识)提供了物理基础。随着大脑快速发育、神经元不断建立连接,这种关于"自我"和"外界"的剖分演变成关于自我和外界的观念,我们开始形成强烈的自我意识,从而能进一步探寻"自我"与"外界"的关系,进而产生高级智能。这整个演化过程我们定义为"触觉大脑假说",如图 2-1 所示。

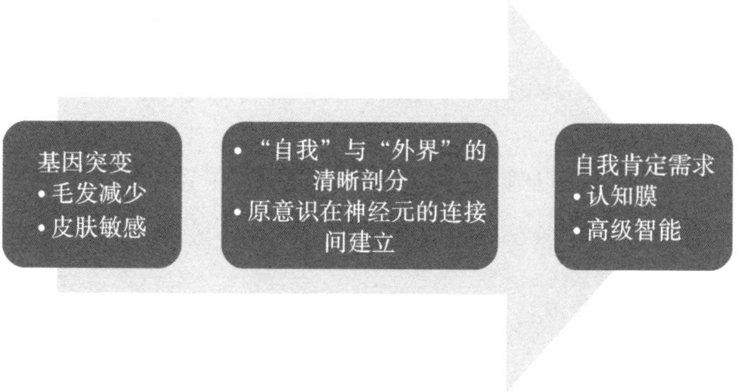

基因突变
• 毛发减少
• 皮肤敏感

• "自我"与"外界"的清晰剖分
• 原意识在神经元的连接间建立

自我肯定需求
• 认知膜
• 高级智能

图 2-1　触觉大脑假说示意图

我们提出了触觉大脑假说和原意识的概念,并讨论了认知膜

(cognitive membrane)对智能进化的作用,如表 2-1 所示。触觉大脑假说认为触觉为区分"自我"与"外界"提供了物理基础,因而在人类智能进化过程中有着特殊地位。原意识是个体认知的起点,是关于"自我"与"外界"的剖分这一认知原型的直观,能够通过代际传承给后代。认知膜包含了人的概念体系、价值体系和信念体系,随着个体认知不断深化,认知膜不断扩张,进而为"自我"的成长提供保护。

表 2-1　触觉大脑假说及相关概念的主要内容及对象

触觉大脑假说及相关概念	内容	对象
触觉大脑假说	自我与外界的区分 (触觉的特殊地位)	生物认知能力的进化
原意识	对自我与外界的剖分	代际传承/进化
认知膜	概念/价值/信念体系	个体认知的深化

2.2　生命、意识与智能的连续谱

首先,我们要明确的是,生命和意识并不是简单的"涌现"(emergence)现象。很多人在研究一些无法回答的起源问题时,倾向于用"涌现"二字带过。有一些物理学上的相变确实是涌现,但生命、意识、智能等问题也用涌现来解释,不免有回避问题和将难题束之高阁的嫌疑。

舒德干院士主张从"广义的人类起源"看待生命,即不要狭义地将人类起源视作从古猿进化到人,而是以活着的所有的生命,从低等微生物一直到高等脊椎动物、哺乳动物(包括人类),去探索哪些生命与人类最接近。他提出"九大里程碑"的概念,也即广义的人类由来的九个重大事件。

如图 2-2 所示,在这九大里程碑中,第一个里程碑是约 38 亿年前最早原核生命的诞生,直至 14 亿年后,才迎来第二个里程碑最早真核生命的出现。由此可见,生命的诞生是经历了漫长努力的结果,生命的出现是一个极小概率的事件。

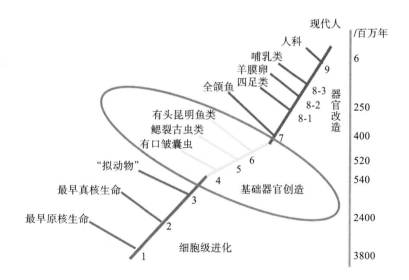

图 2-2　舒德干团队总结的人类发展九大创新里程碑

图片来源:舒德干,《三幕式寒武纪大爆发与广义人类由来——破解达尔文世纪难题》,2019

早期的生命的确是有类似相变的涌现过程,但仔细探究,生命是一个不停折腾的过程。虽然把时间压缩起来看,可能是有一个从无到有的跳跃,但是实际上,生命是一个很漫长的、往复式渐进的过程。生命有单方向的生存压力,我们所看到的生命的多样性是幸存者偏差的结果,背后有数不清的失败尝试没能保留下来,因此生命不完全是通常意义上的涌现过程。

图 2-3 讲述了从进化角度理解人类认知跃迁的过程,横轴是指数坐标,最右边是现在,前面依次是 100 年前、1000 年前、1 万年前、10 万年前、100 万年前、1000 万年前、1 亿年前、10 亿年前。语言的产生大概在 10 万年前,更早是大约 300 万年前出现猿人。本书从语言产生开始梳理,而后包括大概 2000 多年前的轴心时代,400 多年前的现代科学的产生时期,以及现在的计算机技术、元宇宙的产生时期。

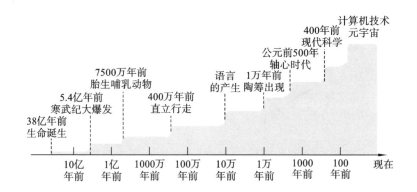

图 2-3 人类认知的跃迁

个人认知的跃迁如图 2-4 所示,横轴依然是指数坐标,最左边是个人生命的诞生,一般而言,小孩 1 岁左右就可以直立行走,两三年就可以学会讲话,但是他们需要花更长时间来学习礼仪以及和人打交道等,还需要花更多更长的时间来学习科学知识。比较图 2-3 与图 2-4,可见个人认知的发展和人类认知的进化之间是双指数压缩的关系,也就是说进化意义上花了很长时间形成的能力,个体用很短的时间就能学会,而最近进化出的科学知识,个体则需要花很长的时间来学习和吸收。这种对比将为我们后面讨论人机差异提供参考。

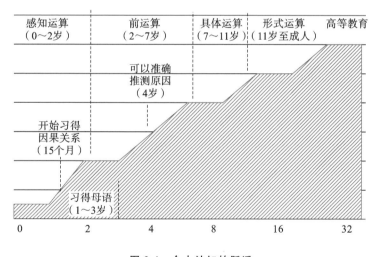

图 2-4　个人认知的跃迁

在那上亿年、上十亿年甚至更久的时间内,生物"原始汤"里的某些类细胞的一致行动体在"有生命"和"无生命"的状态里不断折腾,尝试生存、成长,但每一次折腾几乎都是以失败而告终。然而每次尝试可能会遗留下一些碎片,这些碎片会被下一代的一致行动体整合进去,又进行新一次的生存尝试。这些碎片可以看作带有遗传信息的基因片段。此时的类细胞还谈不上主动地整合,但在相似的环境中,总有概率使得某些可用的碎片形成新的类细胞,即这些被重复采用的碎片在整合过程中可能会提高其尝试的效率。

生物繁殖有基因的传递,让个体从头开始生长,而在原始生命早期,可能就是通过那些碎片传递一些信息,这种传递由于不断吸纳了前代的碎片,因此生命从一开始就具备了"共情"或者说"换位思考"的条件。从时间上看,生命现象是无数次的推倒重来;从空间上看,这些无数次的尝试是各种方向、多条路径的不断试错。这个尝试过程是以亿年为单位计算的,直到形成了相对稳定的一致行动体的关键——膜。

膜是边界,是区分一致行动体内部与外部的最重要的部分。它一方面标志着生命的形成,生命体可以从环境中保持相对独立;另一方面,意识和智能在生命一开始就展现出来,也就是说生命的诞生即伴随着意识的产生。在生命早期,生命体的意识就体现在其能够感知到整体内部的协调作用强于整体与外界的协调作用,即出现了内外之分,亦即产生了"自我"的意识,这种对"自我"和"外界"的二元剖分,我们称为原意识。

这一边界在物理层面就是(类)细胞膜,在意识层面我们就称之为认知膜。我们本节的讨论将聚焦于生命诞生的初期,在这一阶段,我们可以认为细胞膜和认知膜是一致的。但值得注意的是，随着生命的生长，认知膜并不会停留在物理边界，它既可以向内收缩，又可以向外延伸，我们在后文(参见 2.4 节)会继续讨论。

生命一旦形成，就开始要脱离当下时间和空间的限制，也就是所谓的"脱域"。因为生命的诞生并不是为了顺应外界，相反是为了摆脱外界的束缚。试想一下，如果生命的目的是顺应外界，那么就不会有生命。完全顺应外界只需要像一块石头一样"躺平"，但生命是对外界保有一定独立性的系统，这种独立性需要依赖外界环境而维持生命，并不是简单地顺应外界。

生命恰恰从一开始就拥有原意识，有了对自身整体的一个控制和对"自我"的初级感知，因此就有了一个整体目标。也就是说，一个生命体内部各部分之间的关联、沟通和协调，胜过它跟外界之间的关联、沟通和协调，即生命自身体系内和体系外在关联、沟通和协调方面存在不对称性。因此生命就有可能通过体系内的互相协调来应对外界的影响，从而能够规避外界的一些影响，进而主动做出一些反应。生命就是这样开始的。

当然，这样一个有生命的系统，它在尝试摆脱外界的一些影响时有可能变得更容易被外界碾压，但是也有可能能维持生存甚至逐渐壮大而不被外界挤压掉，进而在时间意义上保有自己的延续性。生命的重要特征包括新陈代谢和可复制性(即遗传)。新陈代谢是为了统摄环境并更好地生存,同时能够和外界交流,从而有利于自己生存或成长。可复制性是为了能在同类、后代中迁移并持续下去。生命体的迁移可能通过侵占或者基因复制的方式进行,比如病毒的感染性就是一种可迁移性或者说可复制性。一开始的可迁移性可能是很弱的,到后面生命发展得比较成熟,其可迁移性就变得更强。生命的可迁移性更多的是复制意义上的,新的生命跟原来的生命并不会相差很远。

比如单细胞生命,它们通过细胞膜的作用来感知环境是否适合生存,并通过新陈代谢把外部环境中不重要的因素屏蔽掉,将需要的营养物质吸纳进来,从而既做到了保持内部依然按照物理规律进行运作,又作为整体屏蔽了一些外来的刺激。

假如是更复杂的生命,那么实际上每个细胞都可以作为一个拥有完整内部的个体,并按照简单的、实时的物理规律进行反应,但很多细胞组成一个整体的时候,细胞之间又不完全是按照那个即时的物理规律来运作。出现这种情况可能是发生了更长时间尺度、更大空间范围的优化,比如进行博弈、抱团等。以牡蛎为例,刚出世的幼蛎能在水中自由游泳,但它们一旦遇到合适的环境,就开始寄生在岩石或其他坚硬的海中物体上,过着终生营固着式的生活。幼蛎一旦固着下来,就像钉在物体上的钉子一样,变成终生不会游动的动物。牡蛎能够准确地感受到潮汐,它们会在涨潮期打开外壳进食,退潮期就关闭外壳休息。牡蛎只需要感受潮起潮落,而不用去对那些小尺度的海水波动做出反应,因此它们在很多时候可以屏蔽掉外面的影响。

当然到了高级生命就更是这样。人类更倾向于针对长时间的、甚至针对未来的变化做出反应与优化。他们对环境的统摄力更强,生存能力也更强,不仅希望自己能生存、生活,而且希望将这些能力迁移到他人身上,让同类、让后代也可以持续生存、生活下去。

实际上,边界作用下内外的不对称性感知也让生命从一开始就具有隐私性。隐私性跟"自我"有一致的地方,也就是说,在内部作用下隐私性可以在一定程度上屏蔽外界,"自我"可以有不为外界感知的一个部分。因为外界对生命的感知是整体的,生命内部对外界来说不是完全透明的,外界不能感知生命内部的所有细节。比如说一个牡蛎闭上壳之后,外界可以感知的是它整体的运动,但却无法感知它内部的运动过程。我们讲感知也要看从什么角度去感知,这与感知方式有关系。在这个例子中,牡蛎周围的水流和其他生物对它的内部实际上是没有感知的,这就是隐私性。生物系统自我的一体性和整体的协调就导致隐私性跟"自我"一并出现。

2.3 原意识

我们将"原意识"定义为对"自我"的直观、对"外界"的直观,以及对将宇宙剖分成"自我"与"外界"的这一简单模型的直观。

　　这里的"直观"可以理解为感质,即可感受的特质。生命个体对光线明暗/颜色的感知能力大多是由该个体的基因决定的,但人对光线明暗/颜色的直观/感质是后天在大脑中形成的。凯和麦克丹尼尔(Kay & McDaniel)的研究表明,在很多语言中,"黑"和"白"这样的词语先出现,"红"等词语晚些才会出现。[24]

　　人有了对自我和外界的区分,自然也就明白了何为自我,何为非我,即人关于"自我"和"非我"的概念对(pair)随之产生。有了这种概念对的原型,很多复杂的感知就可以被封装成概念对,比如"上"和"下","黑"和"白",以及"这里"和"那里",等等。

　　一个概念和它的对立面更可能是同时出现并不断迭代加强的。例如对婴儿而言,开始他只能够区分能吃的(如苹果和橙子)和不能吃的(如塑料玩具),这时候对他而言苹果和橙子可能是同一的。但随着自身经验的积累或者得益于父母的指导,他能通过形状、颜色等开始区分苹果和橙子。另一方面,即便两个苹果是两个单独的个体,人们仍能将它们归为同一类。有了对"同一性"的认识,它的对立面"差异性"就有可能变得更清晰。

　　皮肤这一明晰的物理边界使得人类对"自我"和"外界"的剖分非常确定,并能够毫不费力地辨别"自我"与"外界"的内容,这有助于将"原意识"的直观传递给他人和后人。

　　但这一物理边界不会一直停留在皮肤这一层次,而是会向外延伸。最早期的延伸就是食物。比如将果子抓在手里了,人们就会认为果子是自己的,不希望被他人夺走。下一阶段就是领地意识——不仅手中的果子是自己的,这棵树上所有的果子都是属于自己的,不希望有其他人来采摘。动物不希望别的动物喝河里的水,因为它觉得河水应该是只属于自己的。工具是手的延伸,家庭是个人的延伸,新闻媒体是人类的延伸。[25] 这种认定自己身体之外的自然物专属于"我"的倾向,我们可以称之为"自我肯定认知"。

"自我"既然能够向外延伸,就能够向内收缩。我们常常认为"内心"更能够代表"自我",而不是我们的皮肤或四肢。这里的"自我"指的是心灵,而非身体。当"自我"的边界经常发生变化并变得模糊时,"自我"这个概念也就可以脱离物理和现实的束缚而存在。

明斯基认为意识是一个"手提箱"式的词语,用它来表示不同的精神活动,就如同将大脑中不同部位的多个进程的所有产物都装进同一个手提箱,而精神活动并没有单一的起因,因此意识很难被厘清。我们认为把世界剖分并封装成"自我"与"外界"是革命性的,它使复杂的物理世界能够被理解(comprehensible),被封装的"自我"可以容纳不由物理世界所决定的内容,想象力和自由意志(主观能动性)也因此成为可能。

"自我"的延伸或成长不仅仅局限在物理空间这个维度上。"内心"的"强大"实际上是"自我"的"圆融",亦即当个体的自我肯定需求[26]不停地得到适当的满足时，个体应对"外界"能够"融会贯通"，"自我"就会越来越强大，能够容纳的内容也越来越多。个体成长到一定阶段，就可能达到一种超脱的状态，"随心所欲不逾矩"，在物理世界规律的约束下，依然能够按照自己的意志行动，从"必然王国"走向"自由王国"。

如果可以理解人类智能"从哪里来"，那么面对人工智能的挑战，我们更无法回避人类智能"该往哪里去"的拷问。本书为休谟问题①的解答提供了一个新的连接点——自我意识。连续的物质运动被"自我意识"分割成"事"和"物"，然后在此基础上被分类，被赋予权重，被赋予意义。"价值命题"可以从"事实命题"中映射出来，也可以由"自我意识"生发出来。

爱因斯坦曾说过，"世界的永恒之谜在于其可理解性……世界能够被理解是个奇迹。"这个世界的可理解性在于人类能对世界进行"自我"与"外界"的剖分，人与人之间的可理解性在于认知主体具有相同的原意识。图灵机不能自发产生自我意识和价值体系，但人类能够赋予图灵机这种功能。真正的挑战在于赋予它们何种价值体系，从而使得不同机器之间能够互相理解、竞争并进化。引导机器形成自我意识，并教育机器以仁爱，才更有可能实现人机和平相处、共同发展。

---

① 休谟问题（Humean problem），即从"是"能否推出"应该"，也即"事实"命题能否推导出"价值"命题，是休谟在《人性论》中提出的一个著名问题。

2.4　认知膜

在现实世界复杂的交互环境下，人对"自我"意识的强化由自我肯定需求驱动形成的认知膜完成。在之前的研究中，通过考察中国自秦以来和西方 500 年来的发展历史，我们提出了"自我肯定需求"的概念；为解释中国改革开放以来的经济奇迹，我们又提出了"认知膜"的概念。[27] 我们发现，自我肯定需求理论及认知膜不仅能够在国家层面上剖析问题，也同样适用于对个体认知的阐释。

根据自我肯定需求理论，人对自己的评价一般高于他认知范围内的平均水平，因而他更希望在分配环节得到高于自己评估的份额，我们将这种需求称为自我肯定需求。同时人在与外部世界交互，并面对明显要高于自己水平的一个参照系的情况下对自身或自身所处环境进行评价时，为防止过大的落差击垮自身的心理防线，人们总是更倾向于肯定自我，用较高的自我评价从主观上进行自我保护，这一认知综合体即为认知膜。

像细胞膜保护细胞核一样，认知膜起到了保护人的自我认知的作用。认知膜一方面过滤外界的信息，将有益的部分融入主体的认知体系，为自我认知提供必要的养分并促使其不断生长、升华；另一方面使主体在面对外来竞争者时，在主观上缩小其与优秀者的差距，坚守内心信念，保持一种乐观的心态去积极迎战。

在牛顿力学之后，"人是一种机械，有能量需求"的观点逐渐成为共识。薛定谔（Schrödinger）发现，人类必须有负熵需求。因为熵在封闭系统中会增加，所以维持生命必须要负熵。而我们认为人需要有自我肯定需求。这和马斯洛（Maslow）的需求层次理论不一样。我们认为，自我肯定需求和能量需求、负熵需求是同位次的需求。和经济学里面的"理性人"假设不一样，那些是自我肯定需求的表现，自我肯定需求是更底层的需求。

在人类进化的过程中，语言的出现是一个标志性的飞跃。婴儿表现出令人惊叹的语言学习能力。我们认为，外界刺激的多样性使得婴儿的自我意识迅速成长，也使得其自我肯定需求愈加强烈，而正是这种强劲的自我肯定需求促使婴儿尝试各种方式与外界交互。当他们发现语言是最有效的表现和沟通方式时，他们就会将语言作为工具，利用一切可以使用的资源进行语言的学习，而他们习得的成果又能迅速地从他们与外界的交互中获得肯定，这进一步刺激了他们学习语言、识别事物、与外界有效交互的强烈意愿，因此婴儿学习语言的效率很高，习得母语的过程非常迅速。而第二语言由于失去了作为工具的需求，相对来说其习得过程就缓慢了很多。就母语习得而言，普通婴儿可以被称为神童。少数婴儿以音乐为工具与外界交互，他们因此可能被称为音乐神童。[28]

不仅仅是婴儿，在更广域的尺度上，人的成长、公司的发展，乃至国家的发展，根本上都与自我认知相关，然而这个基本的出发点常常被社会科学研究者所忽视。人以及由人组成的集体往往面临类似婴儿的认知处境：如何处理自我和外界的关系。认知膜为主体的认知提供了相对稳定的内部环境，确立了个人、组织乃至国家等不同层面的"自我"的存在。在自我肯定需求的推动下，特定的社会传统塑造了特定的价值观和制度体系来维持社会发展进程的连续性。由于在大多数情况下，总的自我肯定需求必定大于其所在社会的当下产出，那么维持发展必将离不开新资源的不断捕获，以此来调和自我肯定需求与其驱动的认知与财富供给之间的矛盾。这一矛盾正是东西方国家兴衰具有准周期性质的根本原因，是企业寻求持续性成长所面临的重大挑战，也是国家跨越中等收入陷阱必须解决的问题。

原意识是人类认知结构的开端。当概念体系和价值体系（认知膜）从原意识中逐渐衍生出来之后，"自我"和"外界"的边界逐渐模糊，"自我"更像一个生命体，需要不断补充养分（自我肯定需求）使其得以维系，从而确立一种认知上的"实存"。

CHAPTER

第 **3** 章

心智的非定域性及其起源

3.1　研究心智问题的支点

相比其他生物,人类心智的一大特殊之处就体现在语言能力上。在乔姆斯基(Chomsky)[29]看来,两三岁的儿童已经大致掌握了其语言的基本特性,包括一些显著特征,比如,他在研究中发现,两岁的儿童就能在句子中正确使用单复数。然而,要确定主谓一致性问题,儿童依靠的并不是邻接原则这一最简单的计算规则,相反,他们本能地依赖于某种自己从未听到过的规则:他们大脑创造的结构。在单复数的案例中,他们常常必须更进一步去寻找这个做主语的名词短语中的中心成分,即线性距离上离得更远一些的名词。结果证明这一计算过程并非微不足道,它远比线性邻接规则复杂,但更加简单的线性邻接规则却被本能地忽略了。

卡尼曼(Kahneman)[30]在《思考,快与慢》(*Thinking, Fast and Slow*)一书中把大脑中无意识且快速运行的部分称为系统1(System 1),这一部分是与人的直觉相关的。人在区分自己与外界的时候是一个二元的系统,但是产生的镜像神经元(mirror neuron)却能够站在第三方进行思考。这一切的开端就是区分自己与外界这么一个简单的二元体系,然后人开始站在第三方进行思考,逐步地认识这个世界。儿童看电影总是以好人、坏人进行描述,形容词基本上都有反义词,很多语音、文化也都有阴阳之分,这些都是二元体系的表现。系统 2(System 2)与人的推理与逻辑相关,也是大脑中运行较慢的部分。实际上随着时间的推移,系统 1 里的部分内容是可以向系统 2 转换并存储的,这些是计算机完全可以模拟的,然而系统 1 的部分是计算机目前无法模拟的。

图灵奖获得者本吉奥(Bengio)也提到,系统 1 到系统 2 的认知转化是深度学习未来发展的重要方向。清华大学唐杰团队用该思路构建了一种认知图谱的方法:在系统 1 中主要做知识的扩展,在系统 2 中做逻辑推理和决策。比如首先找到相关的数据,然后用系统 2 做决策。如果是标准答案,就结束整个推理的过程;如果不是标准答案,而相应的信息又有用,就把它作为一个有用信息提供给系统 1,系统 1 继续做知识的扩展,系统 2 再做决策,直到最终找到标准答案。

近年来,大语言模型(large language model,LLM)[①]的发展突飞猛进。通过大量的数据与算力支持,大语言模型确实可以学到很多语言及世界知识。大语言模型的知识存储在 Transformer 的模型参数里。从 Transformer 的结构看,模型参数由多头注意力(multi-head attention,MHA)和前馈网络(feed forward network,FFN)组成。多头注意力主要用于计算单词或知识间的相关强度,并对全局信息进行集成,建立知识之间的联系,而前馈网络主要用于存储大语言模型的知识主体。前馈网络的输入层是某个单词对应的多头注意

[①] 大语言模型是一种人工智能模型,旨在理解和生成人类语言。它们在大量的文本数据上进行训练,可以执行广泛的任务,包括文本总结、翻译、情感分析等。

力的输出结果嵌入层（embedding），也就是通过自注意力（self-attention）机制将整个句子有关的输入上下文集成到一起的嵌入层，代表整个输入句子的整体信息。[31]

基于 Transformer 等技术的大语言模型 ChatGPT 最近在各种对话中展现出来的整体能力让人印象深刻。可以说我们在工程上已经能实现人类心智的重要部分，即语言能力，那么我们应该能够从机制上回答心智的本质及其起源的问题。我们在尝试讨论心智问题时，发现最终要涉及并追溯生命的起源和意识的本质，也需要找到足够坚实的支点，才能更好地剖析心智的问题。

阿基米德（Archimedes）曾言：“给我一个支点，我将撬动整个地球。”笛卡尔（Déscartes）研究认识论问题的支点在于“我”，因为“我思故我在”。牛顿第一定律就是研究经典物理学的一个很坚实的支点。经典物理学可以看作是人类最广泛的共识之一，从伽利略开始到爱因斯坦集大成，我们甚至可以把量子力学的某些部分也放进去，算作经典物理学的范畴。“人”本身是一个宏观物体，“人”生存在物理世界里，要遵循经典物理学的基本规律，我们肉眼观测得到的现象也要遵循经典物理学的基本规律。

因此，将经典物理世界作为我们研究与“人”相关的问题的支点或基线是重要、合理且可靠的。经典物理世界的最主要特征就是定域性，在此基础上，我们再谈论心智相关的问题才会比较清晰，也不至于陷入泛灵论、神秘主义的认知坎陷中去。

　　乔姆斯基梳理了笛卡尔、牛顿、爱因斯坦等人在探究人类智能起源道路上所遭遇的种种"定域性"困境[32]：笛卡尔试图证明伽利略提出的"世界是一台按照机械原理运行的机器"这一观点，但发现机器无法掌握人类应用语言的能力；牛顿发现了超越机械哲学界限的物质属性，即万有引力定律，证明了笛卡尔二元结构中的广延实体并不成立，但囿于定域性问题，最终只得将其归因于上帝；爱因斯坦提出的广义相对论解决了牛顿的非定域性问题，但无法解释量子纠缠的现象。在经典物理学中，微分方程可以表达定域性，但无法表达非定域性。

　　受到乔姆斯基的启发，我们将非定域性作为主要特征来划分世界（如图 3-1 所示）："量子世界"是量子及其作用的微观物理世界；从伽利略发现圆周运动，到牛顿发现万有引力定律，到麦克斯韦电学方程的提出，再到爱因斯坦广义相对论，这一进程可以看作是"经典物理世界"发展的主脉络；"意识世界"包括主观意识、理念、信仰、经验等精神层面的内容。之所以要从微观和宏观层面将物理世界区分为量子世界与经典物理世界，是因为两者之间存在很多跳跃、矛盾和断裂，并不能够共用一套自洽且完整的体系进行解释。经典物理世界内部并非完美无缺，麦克斯韦电学方程到热力学定理中间也存在跳跃，这一点体现了对时空局域性问题的讨论。在图 3-1 中，量子世界的"去相干"表示量子相干性的衰减现象，经典物理世界的"热力学"

表示热力学运动具有时间不可逆的特点。图中对这两种现象标记了问号,以表示我们对两种现象关联的猜测。这两个现象可能是连接量子世界与经典物理世界的关键,甚至在本质上可能是同一现象。

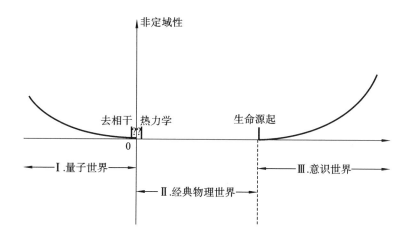

图 3-1 以非定域性为主要特征的三个世界的划分

量子世界与经典物理世界之间的跳跃,以及经典物理世界与意识世界之间的跳跃,最显著的一点就是定域性。经典物理世界里具有定域性,强调因果关系,具有更强的一致性,但量子世界与意识世界中都不具有定域性。

定域性有不同层面的含义,可以是指物理时空中因果关系层面严谨的定域性,也可以是语言、理性逻辑层面强关联的定域性。人类心智的研究内容包含了注意力(attention)和意图(intention)。注意力让主体在时间、空间意义上对部分内容有所侧重,而不是对所有事物一视同仁。意图则更倾向于在实践意义上以未来为导向。也就是说,心智并不是一直遵循时间的线性规律进行活动,而是在一定程度上会摆脱物理时空的定域性限制,因此可以看作是主体在物理时空中对事物、事件的非线性编辑。

虽然我们的自然语言尤其是书面语言大多是线性表达的,也受到语法等规则的限制,但是实际上我们大脑中的想法并不是线性的。我们总是倾向于从整体性、全局性进行考虑,因此心智具备非定域的、脱域的特征。大语言模型中的 Transformer 能将与整个句子有关的上下文集成到一起作为前馈网络的输入,这实际上也是跳脱了线性规则的束缚,从训练开始就将非线性编辑的能力引入模型之中,从而使得 ChatGPT 等大语言模型展示出一定的整体性以及理解人类的语言能力。这让我们不禁好奇机器是否已然具备了心智,它们这种理解他人的能力又是从何而来的。

3.2 非定域性与可迁移性

心智理论(theory of mind)[①]尝试从情感性(察觉和理解他人情绪的能力)和认知性(推理和表征他人信念和意图的能力)来解释人何以具备理解和预测他人行为的能力。我们倾向于从认知坎陷(意识片段)可迁移性的角度来解释主体之间的沟通何以能够实现。

---

① 心智理论又称心理推测能力、心理理论,指的是个体对自己和他人的愿望、信念、动机等心理状态及心理状态与行为关系的认识和理解,并据此理解和预测他人行为的能力。

在研究物理世界时,科学家们将守恒律或对称性作为出发点,认为物理特性具有绝对的可迁移性:不同人在不同地点观察同一个物理对象,得到的物理结果完全一样。当研究的对象从物理世界转换到意识世界时,我们也试图找到不同认知主体之间最具备可迁移性的认知坎陷。

生命的两大重要特征为新陈代谢和可复制性,而认知坎陷(意识片段)也有相对应的特征,即隧通和可迁移性。

认知坎陷对某个主体而言具有时间上的一致性,在主体间具有相对的可迁移性。这种相对的可迁移性体现在不同主体对相同的意识单元都可能有不完全一样的理解,但主体之间能够交流并可能达成共识。说得更通俗一点,比如李白的一首诗、梵高的一幅画也是认知坎陷,一开始大众可能难以理解,但逐渐就能被大众所接受。还有酸甜苦辣、红黄蓝绿等,这些在人际都是具有可迁移性的意识单元。可迁移性还表现为"设身处地",主体容易代入其他主体,可以将"自我"附着到他者(比如榜样、族群、宗教),尝试从不同角度理解或共情。比如张三对李四说"橘子很酸",这个"酸"就是一种可迁移的意识单元,它作为人的一种味觉感受,并不是真的存在于物理世界,尽管两人对"酸"的感受程度也不完全一样,但李四听到之后马上就能明白是什么意思。

认知坎陷(意识片段)具有非定域性,图 3-2 展示了不同认知坎陷的非定域性(可迁移性)和隐私性的变化,越往箭头方向走,认知坎陷的可迁移性越强,而隐私性越弱。物理和数学等学科主要的研究对象在右侧可迁移性较强的部分,思维科学的研究对象主要集中在偏左侧可迁移性较弱的部分,生命科学、生命现象则以中间的认知坎陷为主要研究内容。

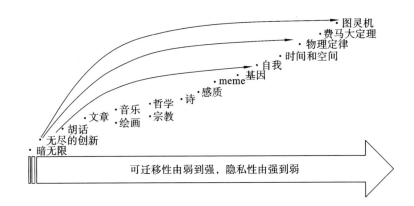

图 3-2　部分认知坎陷可迁移性与隐私性的强弱走势

很多人认为如果要理解意识,我们就需要扩充对数学的认知,然后将意识包含进去,比如将方程写成程序来描述数学知识。还有一种扩充方式就是利用可迁移性。认知坎陷具有不同程度的可迁移性。数学、物理等学科知识的可迁移性属于绝对的可迁移性,这就意味着不同的主体在不同的时空点上对相同的物理对象的观测结果是一样的,比如,物理中的对称性、对称破缺、守恒律具有绝对的可迁移性。感质的可迁移性也很强,而艺术作品更偏向于相对的可迁移性,比如书法,可能对中国人来说更能被感知,其价值更大。基因是生命的一种坎陷,基因进化的时候充分考虑了环境的可能性,相当于一个简单程序放进环境后可以运行出一个复杂结构。基因本身并没有生命,但在生长环境中可以迁移并表现出生命,可以看作是一种物质化的认知坎陷。而 meme[33](译作觅母、模因、迷因等)是道金斯在其《自私的基因》(*The Selfish Gene*)一书中提出的,它作为一种文化层面的认知坎陷,也具有相对的可迁移性,能通过对未来环境的预期进行迁移和传播。我们研究可迁移性很强的数学和物理学科的问题时,只要采用适当的数学和物理的工具进行研究就可以解决问题,但涉及可迁移性并非绝对的生命现象时就不能简单地用数学和物理的方式解决。

　　生命从起源开始就是要反叛物理世界的束缚,不是一味地按照物理规律进行反应,而是以不同的方式与外界交互,这种不同可以看作是一种错误或偏差,而这也恰恰是心智形成的开始。主体可以有很强的非定域性、脱域性,可能常常犯错,因此我们不太可能也没有必要采用严谨的数学或逻辑表达来指导心智的过程,也不能指望有数学模型能给心智一个最后的解答。

　　可迁移性很弱、隐私性很强的例子就是个人脑子里乱想或者小孩乱讲的东西,这类事物往往很容易就被举出反例而被驳倒,证明其是错误的也就很简单。值得一提的是,机器有陷入暗无限①的风险[34],暗无限也是属于这类可迁移性很弱的认知坎陷。无尽的创新是在心智层面

　　①　那些看似平常实际上却有无限可能的思维和行动路径,我们称之为"暗无限",这类任务在有限的资源条件下不能完成。

上展开的,会产生"组合爆炸"(combinatorial explosion)的现象,即有各种尝试、各种可能的场景,而且这些尝试和场景是没有止境的。

图 3-2 中最左侧的暗无限、无尽的创新和胡话是更贴近直觉的、从自我的愿望出发的系统 1 的内容,再往右,一旦形成可以传播、可以迁移的认知坎陷,则是尽量讲道理的、理性的系统 2 的内容。

认知坎陷的可迁移性也涉及生命的进化本身。最简单的生命只有单细胞,由于它们内部有一些物理过程,我们勉强可以认为它们有触觉。当然单细胞的触觉跟高级生命的触觉还很不一样,但它们已经能对其表面接触到的刺激产生反应。然后有了单口、多口生物,才会有味觉、嗅觉、听觉,再然后才是眼睛和对应的视觉。嗅觉对时空的感知范围相对较广,从很远的地方传过来的气味我们都能感知到;听觉受时空的限制小一些;视觉受时空的限制更小。这些感知器官也反映了非定域性的强弱次序。

我们观照、感知这个世界,世界也会改变我们的感知。除了眼、耳、鼻、舌、身,我们还有大脑皮层。大脑不仅仅能处理信息,而且还会想象,所以大脑本身在某种意义上也是一个特殊的、更抽象的感知系统。眼、耳、鼻、舌、身的感知实际上是受时空限制的,比如光速的时间延迟、声速的时间延迟,或者气味飘来的时间延迟。所以感知的内容都是在经典物理世界里的,在这个意义上感知器官是受限的。但是大脑受到启发或者受到某种刺激之后,会衍生出来一些东西,包括记忆、对未来的预期等。大脑能够脱域,甚至可能彻底脱离物理世界的限制,所以它相对前几个感知系统而言更特别。

我们可以从系统 1 和系统 2 的角度讨论从感知信号发出到认知坎陷产生的过程,如图 3-3 所示。感知器官及其感知到的信号属于系统 1,这些信号原本就是物理层面的,只是可能有延迟而已。当信号真正进入到大脑之后,因为主体有注意力和意图等作用,所以就会形成非线性编辑,进而产生对某些内容视而不见或者听而不闻的结果。也就是说,一方面,眼、耳、鼻、舌、身会受到物理规律的限制;另外一方面,这些器官的感知跟大脑结合之后会形成脱域的内容,当然这种脱域程度还比不上大脑皮层里形成的预期、记忆、幻象等内容的脱域程度。所有这些脱域的内容也构成系统 1 的一部分,而后激发系统 2 进行反思,从而将这些内容变成能够隧通、具备可迁移性的认知坎陷,这些认知坎陷实际上又可以反过来改善、规范或者制约我们的感知系统。生命的早期阶段,很多时候生命体的活动还没有上升到意识层面,彼时系统 2 大多凭借本能来反应,因而此时更像是物理反应,而生命体进化到比较高级的阶段,特别是人类的认知坎陷系统变得更丰富、更发达时,系统 2 便能对系统 1 起到改善与规范的作用。

心智的非定域性可以很强,这就意味着它可以在很大程度上脱离物理世界的束缚。"至大无外,至小无内",心智活动或思维过程非常自由,可能产生组合爆炸效应,因此我们并不需要通过严谨的数学表达或者逻辑表示来指导心智活动的产生或者认知坎陷的开显,例

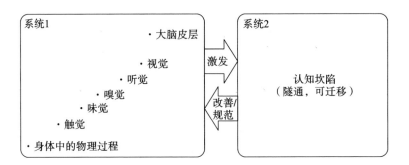

图 3-3 从系统 1 与系统 2 的角度看从感知信号发出到认知坎陷产生的过程

如自然语言的语法结构就不是数学表达能简单描述清楚的。我们可以规范思维,在某些地方对其进行压制,但这种规范与压制的效用是一定的,并不是严谨的约束。主体可能犯各种错误,而且我们无法通过严谨的数学表达或逻辑表示来完全避免错误的发生,比如下围棋走了一步错招,主体就要带着这种错误的影响继续走下去。从起源的角度来看,生命实际上一直在反叛物理世界的束缚,希望按照自己的意愿而不是按照物理规律进行反应,而后才可能产生个体性、主体性、自主性,而后才在物理世界的基底上开出了灿烂的智慧之花。

3.3 心智的模型

面对无穷复杂的物理世界,人类可以通过认知坎陷来简化、描述与理解它。"自我"作为最原初和最重要的认知坎陷,是人类意识与智能的发端。"我"这个意识单元具有非常强烈的生命力,所有其他意识单元都围绕着"我"开显。情感、伦理、道德、审美等意识单元对

"我"而言都真实存在,会影响"我"与物理世界的交互方式,"我"也据此改造物理世界,但这些意识单元无法被物理还原。

"自我"是最原初的认知坎陷。认知坎陷是对于认知主体具有一致性,在认知主体之间可用来交流、可能达成共识的一个结构体。在认知坎陷的结构中,一个认知坎陷所有侧面的关键词(一个关键词本身也是一个认知坎陷)所构成的网络可以作为认知坎陷的知识本底,并且这个本底有一个顶点(或极限点),所有关键词都指向这个顶点,共同组成这个认知坎陷。虽然这个顶点是一个理想化的符号,既看不见也摸不着,但大家都相信这个顶点的存在,并且能够据此进行交流。

图 3-4 展示了"自我"与"世界"的关系。纯粹的物理世界可以看作是一个巨大的二维平面,主体的"自我"意识则将这个平面局部地顶起,中间由认知坎陷进行支撑或连接,整个结构看起来很像一顶巫师帽,因此我们也将该模型命名为**魔法帽模型**(wizard-hat model)。

魔法帽模型的高度由自我肯定商(self-assertiveness quotient,SAQ)决定,因此自我肯定商或者说自我肯定需求的强度在度量智能时就变得很重要。自我肯定商容易让人对比联想到智商(intelligence quotient,IQ)、情商(emotional quotient,EQ),但这类商值即便可以度量也并不准确,很多时候是事后才能显现出来商值的高低。如图 3-4 所示,如果自我肯定商越高,那么模型的高度就越高,即主体自我肯定的程度越高,主体的"自我"意识得到巩固或增强的程度就越大。

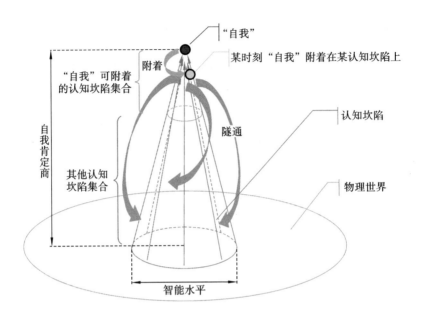

图 3-4　关于意识的模型

　　我们将智能定义为发现、加工和运用认知坎陷的能力[35]。在图 3-4 中，我们可以通过凸起椎体底面的直径来表示主体的智能水平。智能水平也与"自我"紧密相关。在平面被"自我"顶起的过程中，随着主体习得的认知坎陷不断积累，椎体底面的直径就会越来越大，这就意味着越来越多的认知坎陷能够支撑主体进行"自我"与"世界"的交互，"自我"对"世界"的理解不断加深，并且"自我"也可能通过更多的认知坎陷来影响甚至改造"世界"，这种过程是"自我"成长的良性过程，表现为椎体高度和底面直径以相匹配的进度增加。也有一种"自我"成长的非良性过程，即在"自我"顶起平面的过程中，认知交互的进度并不匹配,椎体底面直径的增加不明显,那么能够支撑"自我"的认知坎陷就会显得单薄、脆弱,这将不利于"自我"的进一步成长。

相比丹尼特(Dennett)在《意识的解释》(*Consciousness Explained*)一书中提出的笛卡尔剧场(Cartesian theater)理论,以及巴尔斯(Baars)、布卢姆(Blum)夫妇对该理论的进一步发展,我们提出了前台后台剧场(two-stages theater,TST)理论。相对于剧场舞台这一前台,我们还要增加一个后台(backstage)。后台是意识模型中"自我"顶点的那一块,可以看作是有几个角色在做导演。前台则是有很多演员,演员更多的是跟外界、跟观众、跟物理世界交互的,他们的作用之一是尽量减少后台跟外界的差异,隧通二者以缓解张力,并且演员在一定条件下也可能转变角色成为后台里的一个导演。前台后台剧场理论可以通过图 3-5 和表 3-1 所示的形象来理解。

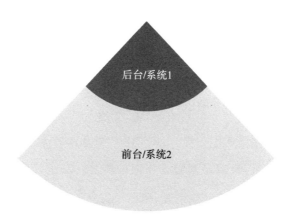

图 3-5　前台后台剧场理论示意图

表 3-1　前台后台剧场理论各部分对应的含义

后台	前台
系统 1	系统 2
信息整合理论	全局工作空间理论

后台也可以对应到系统 1，是更直觉的内容；前台也可以对应到系统 2，更多的是演绎的、要隧通的、强调理性的内容。后台跟外界的隧通实际上也是信息整合理论（integrated information theory, IIT）的内容，后台有更多创造性的东西，对前台、对物理世界有统摄作用和很强的隧通性。后台的东西相对而言关系变化比较慢，是一个慢变量，而前台相对而言是快变量，时间尺度短一些。每个主体的前台、后台的结构是不一样的，当然这里面都是由不同的认知坎陷担任各种角色。一种特殊情况是，当修炼到极致，也就是前台和后台融为一体，并跟物理世界也融为一体时，这是一种"圆通""圆成"的境界。我们可以说有很多角色，但是角色总归还是有限的，特别是在具体场景里是有限的，然而角色可以演变出无穷的内容来，这就类似《金刚经》里的"应无所住而生其心"，意思就是心在本质上是无穷变化的，因为它不是固定在某一个点上，因而其内容在不停变化，也可以在角色之间互相转换，也就是附着在不同的侧面。庄子曾言，"吾生也有涯，而知也无涯。以有涯随无涯，殆已！"实际上我们之所以能学到很多东西，个体生命能展现出无穷性、无限性，就是因为存在这种变动，而且主体之间能互相学习，互相有可迁移性，能学到新的东西并进行

融合,甚至个体之间融合成团体,在团体内产生新的认知坎陷,形成一个更大的、具有主体性的内容。

3.4　从物理系统中涌现出的心智

在定域性的经典物理世界中,非定域性的、脱域的心智从何而来?

心智存在于生命体中,注意力和意图可以被理解为心智对在经典物理学时空中存在的事物和发生事件的信息的非线性编辑,具有时空非定域性和全局性的特征。生命以经典物理世界作为基线,在此基础上进行非线性编辑,并展现出心智的特性。生命的感官相对粗糙,一般在毫秒、毫米量级,但物理世界是很精细的,一般在纳秒、纳米量级。如果我们朝前推导到生命早期,甚至是生命出现之前,那么我们会发现世界都是按照物理方式在运行。在生命出现前可能就有脱域的现象,比如在液态或者气态环境中,固体可以作为整体进行反应,这就让固体有了脱域的意味,但此时还没有产生非线性编辑。需要等到生命体形成主体性,可以趋利避害,才产生了非线性编辑,例如,延迟反应,等到下一个周期再做出反应,把这一个周期的滞后局面变成在下一个周期的超前局面。

认知主体是典型的“生命视角”。生命个体很难掌握全部信息,无法注重所有细节或者精细结构,具有强烈的主观偏好。“全能视角"假定知晓全部初始条件和边界条件,并严格按照物理或数学的可能性向前演变。赫拉克利特(Heraclitus)说"人不可能两次踏入同一条河流",这就是全能视角的论述,而生命视角则常常会认为很多事和物都是相同的。对于人来说,"我"可以很多次踏入同一条河流;太阳每天都会升起,即使有时会被云遮挡。这些重复出现的特性为主体提供了相对稳定的外部环境,让其心智得以发挥作用,使主体能将上一个周期的滞后局面转化为下一个周期的超前局面,从而获得领先优势。

时空编辑能力显然是记忆最核心的一环。如果记忆中有周期性或者是再现的场景,本来是滞后的场景就可以变得是有预见性的场景,而且主体可以加以利用,使其对自己的成长有好处。那么,一个物理系统满足能量守恒、熵增、热力学定律,其中又是如何涌现、进化出一个有主体性、有记忆的系统呢?

物理学最著名的记忆效应就是铁磁相变的距离,加磁和退磁的路径是不一样的,大家认为这个就是记忆效应。现在我们要解释生命的记忆从何而来。

这里的核心要分两步。第一步,必须要有个体性。在液态的或者是气态的情况下是不大可能有个体性的,这两类形态过于混乱,因此可能首先出现个体性的就是固体。在某一个时空尺度上,固体是有个体性的。特别是当它在气态的或者是液态的环境下时,它是可以保持不变的,前后状态的一致性是非常强的,这就是个体性。所以我们要出现主体性的话,必须先有个体性,或者说主体性要借助于个体性而形成。

假如要在液态的环境里生成个体性,比如一些比较小的氨基酸类的分子,也是可能的,但问题是怎么将它们组装成生命需要的大分子,比如要在纯粹的液态环境里形成多肽或者是如醇类、酯类的长链分子,相对来讲比较难。当然可能有催化剂能使一些反应发生,但是化学反应是有方向的,在有扰动的情况下大分子更容易变成小分子,但小分子再想组装成更复杂的大分子就更难了。长链分子或许需要用微孔固体结构来做模板,将液态的前生命碎片装配起来,形成最基本的核心部分和膜的结构,那么它就有个体性了。

有了个体性之后,第二步就是有记忆,即有滞后转向领先的效应。我们一般认为记忆就是大脑对客观事物的信息进行编码、存储和提取的过程,但实际上还有一种可以看作是记忆的东西,那就是当外界的一个刺激导致个体系统内部产生某种反应时,下一次遇到类似的刺激,个体还是做出同样的反应,这个也能看作是记忆。还有情感、直觉等,这些都可以看作是广义的记忆。所以记忆不仅仅是我们常说的编码、存储和提取的过程,因为在早期还没有这些,我们只能说是外界的刺激引起生命体系统内部的变化。而且外界的刺激不仅是一个场景,而是系列性的场景,就是外界有一系列的条件,然后内部发生一系列的变化,一开始是这样互动的。

图灵斑图的现象也表明很多不同的动物身上会重复出现一些有共性的特征,比如斑块、条纹等。不同物种间也会重复出现一些有共性的功能性特征,比如鼻子,不同物种的鼻子外形可以很不一样(大象的长鼻子、兔子的短鼻子),但其功能是相通的。再比如动物大多都有眼睛,而且绝大多数是两只眼睛,虽然比目鱼的两只眼长到了同一边,或者有些动物一只眼的功能已经退化,只剩下另一只功能性的眼。这些能重复出现的部分正是我们智能可以充分利用的地方。假如说没有重复出现的部分,那就谈不上智能;假如说完全都是随机、毫无章法的现象,那么智能就没有发挥作用的空间。

3.5　太古宙孔隙生命世假说

关于生命的起源问题,也有反对进化论的观点,比如智能设计理论。该理论认为生命是由全知全能者设计而来,因为生命起源的过程非常困难,要怎么随机碰撞出那么复杂的结构,这是生命进化论还没有讲清楚的。

在太古宙孔隙生命世假说(early Archean porolife hypothesis, EAPH)中,我们主张主体性的形成必须借助于固体来脱域并过渡。我们认为借助固态结构,特别是有缝隙的结构,是最有可能会产生长链分子或者更复杂结构的方式。缝隙本身就能起到相当于模板的作用,可以让小分子附着在其中微小的空间里。比如要生成细胞内的缝隙,具备微孔结构的固体本身就可以起到相当于模板的作用,要生成的"膜"的结构,可能就是固体的这种缝隙里的结构。这一过程可能发生在太古宙(Archean Eon)前期,持续 10 亿年之久。各种尺度、各种形状和各种表面化学成分的孔隙都能起到模板的作用,可以让小分子附着在其中微小的空间里,产生长链分子以及构成单细胞生命的各种复杂的部件。

酒的发酵过程可以给予一些启示。红酒一般用木桶发酵,白酒可能用的是陶缸。用木桶很可能不完全是因为其有透气的作用,还因为木桶壁可能更容易生成长链分子,因为我们知道窖能让酒的口感更好更香,就是因为能产生更多的长链分子,挂壁比较好。在这种情况下,有很多复杂的有机分子起了作用,甚至可能有微生物的作用。但我们讲生命起源的时候,肯定还没有微生物,那个时候只有短链分子和火山岩的环境。用火山泥烧出来的杯子倒酒喝,味道就不一样,有可能是同样的道理。

我们现在就要解释从短链分子到长链分子的过程,甚至是更复杂的细胞或者是生命形成之前的过程。有了这些组成部分,再进行各种组合变成生命的初级形态,之后的演化就相对好解释了。当然这整个过程耗费了很多时间,生命过程跟物理相变的一大差异就在于生命是一个漫长的过程,但是一般我们讨论的物理系统里的相变则指的是某个参数到一定程度突然一下就出来了,所以这是个很重要的差异。

在物理意义上，最重要的问题就在于我们的生命或者我们的意识是可以对时空进行编辑的，这一能力的起源就在于上述的内容。

从意识理解的维度去看生命的起源，生命的重要特征一个是新陈代谢，一个是可复制性，分别与认知坎陷的两大特征隧通和可迁移性相对应。朝前推就要到生命形成之前。从小分子到大分子的跨越还不够大，至少闪电等条件下就可能生成这种氨基酸。

生命除了前面的两条特征以外，实质上还会对时空进行非线性编辑，也就是有主体性。主体性的基础是个体性，但在液体环境中很难有个体性。虽然有一种可能是油性的物质形成包裹状态，但是很难形成记忆，而且总体来看这是一个可逆的过程，反应向左走或向右走都有可能，而且显然破坏一个结构比通过随机碰撞生成一个结构容易得多。所以在液体环境里就很难形成个体性，更遑论主体性的产生了。

太古宙孔隙生命世假说就是主张生命的产生借助了固体状态。固体的个体性很明晰，特别是岩石、火山石，它们有各种形状、各种大小的缝隙，内部结构与表面的材料也可能各不相同，比如有的是金属类原子，有的是硅原子，等等。孔隙的结构成分可以是非常复杂的，这种高度复杂性就可能让孔隙结构变成模板，从而让比较复杂的分子附着在上面，于是就有了准生命的意味。特别是在有周期性力量驱动的外界环境中，孔隙内部又有一定的保护作用，可以提供相对稳定的内部环境,使内外环境之间的张力得以平衡,借助固体状态开始产生一些生命的特征是有可能的。到后期,这些复杂分子可能就会脱离孔隙的模板变成独立的细胞结构。

孔隙结构可以提供适当的空间尺度,而且还可以提供相对稳定的、可重复的环境。比如要生成细胞内的缝隙,具备微孔的固体本身就可以起到相当于模板的作用,要生成的"膜"的结构,可能就是固体的这种缝隙里的结构。

CHAPTER

第 4 章

智能的定义与度量

　　智能可以被定义为发现、加工和运用认知坎陷的能力。智能在主体性形成之后产生,物理世界的可能性因缺少主体性而没有智能。所有物理世界的可能性之和构成度量智能的基线,本书据此给出了一种间接度量智能的公式。在特定条件下,由于式中影响因子范围有限,智能在一定程度上就可以度量。本章以迷宫为实验环境,计算了不同策略的能量耗费、步数等数值,以此度量该模拟环境下的主体智能并发现:完全随机的盲目走策略与简单智能的不后撤策略在实际轨迹中相差不明显;复杂智能的带标记策略明显与系统规模相关,规模越大,策略效益越明显,这与前两种方式有质的不同;突破常轨的打洞策略虽然能量消耗巨大,但在系统越复杂、规模越大的情况下,打洞策略就会形成一种全新范式或制度(regime),从而发挥出其他策略无法比拟的优势,这是一种革命性的改进,在迷宫实验中表现为最高智能。

4.1　意识与智能的关系

　　在第一章我们已经谈到,生命最早期是以亿年为单位在有生命和无生命、有独立性和没有独立性、有意识和没有意识之间摇摆折腾,所以从这个意义上说,生命和意识并不是严格意义上的涌现。在长时间之后筛选出来的生命,能够生存、成长,并拥有新陈代谢和可复制性这两大特征,然后才能展现出生命力。我们也强调了边界的重要作用,作为意识层面的边界是很混沌的,并且这个混沌的特征会一直延续。

　　意识和智能在生命一开始就展现出来。意识就是因为感知到整体内部的互相协调作用强于整体与外界的协调作用,从而形成原意识,也就是一切意识的起点。由于内外协调作用的强弱不同,边界就会从无生命时比较对称的状态,慢慢转向有生命时感知到的不对称的方向发展。对生命而言,边界从原来的全空间逐渐偏向与内部相关的子空间,并且这个子空间会越来越紧致,于是在这样的子空间里,智能就开始起作用了。

　　在子空间里,生命就不需要照顾所有的可能性,而只需要偏好或照顾某种可能性,这就是智能的表现。因此我们说,是先有了原意识,才需要有智能,对有意识的生命而言,智能才有意义,在智能的作用下,生命可以只在子空间里做选择。根据没有免费午餐定理(no free lunch theorem)[36],不存在与具体应用无关的,普遍适用的最优学习器,即没有通用的高效算法,某种算法对某些子集效率高,那么也必然对另外一些情况效率很低。

　　强计算主义的背后是强还原主义,它主张意识、智能都可以被完全还原,都可以变成物理过程,但最终还是一种幻觉、一种随附,而不是本质。从全能视角来看,这种还原可以成立,但从生命视角来看,强还原主义就是有问题的。在生命个体看来,世界是无限的,即便宇宙中的粒子数量有限,但个体面对的未来世界的变换可以是无穷的,因此对生命个体而言,他们需要意识与智能来帮助自己应对无穷的环境可能。而全知全能者就不需要智能,因为一切都清晰明了,顺着朝前走即可。过去的相变是空间结构或者二维的相变,而生命可以看作是有时间维度的相变,这又与"时间晶体"不同,因为时间晶体是周期性的,会回到严格意义上的原点。生命这种相变会带来一种新的特征,就是"我"的意识。一开始"我"的意识非常微弱,对世界的影响很小,但随着代际传承、主体间以及主体与外界的相互作用,"我"就会变得越来越强大,越来越有影响力。复杂科学对意识的研究使用的还是全能视角,但我们将自我意识放在非常重要的位置,主张用生命视角来理解意识与智能,相信这是很不同的地方。另一方面,由于我们大多接受的是现代科学的教育,受西方科学思路影响很深,因此一直尝试追寻一种本质,一种永恒不变的东西,尝试将本质对象化,但我们现在可能需要从这种思路中跳脱出来,去寻找更具有生命力的附着物。

假如没有生命,宇宙将是非常不同的。相变之后有了生命视角,它带来的是更丰富的、具有创新性的宇宙。从全能视角来看,我们不可能两次踏入同一条河流,但从生命视角来看,我们经常看到相同的东西。比如这次看到的红色和上次看到的红色,从全能视角看并不一样,但从生命视角看可以认为是一样的;或者一个馒头和一碗饭差别如此之大,但从生命视角来看,它们都是解决温饱的食物。拥有这种生命视角恰恰是优势,生命视角也能体会到全能视角的内容,这就在于生命视角的总结和推理能力。比如山外有山可以一直无穷下去,即使现实世界中山外的边界是大海,这也不妨碍我们主观进行无穷的想象和推理。就是因为生命视角的"犯错",才让我们构建出了很多原本不存在的内容,比如哲学、信仰、符号主义等。因此生命视角变成了优势,让人能够主动地参与到世界的进程中,甚至将世界朝着我们认为正确的方向推进,即使我们认为的正确也可能是不对的。

4.2　智能的定义

对智能进行度量,首先需要对智能进行定义。人工智能的定义可以分为两部分,即"人工"和"智能"。"人工"比较好理解,争议性也不大。然而对于"智能"的理解,往往涉及其他诸如意识、自我、思维(包括无意识的思维)等概念。那么智能到底是什么呢?

如果要定义什么是智能,可能就要先说明什么不是智能。泛灵论认为万物皆有灵,每一个粒子都具有意识和智能,但并没有办法证实这一观点,因为没有任何证据能够证明粒子具备习得和应用知识与技能的能力,所以也没有直接回答智能究竟是什么这一问题。词典对智能的定义一般集中在处理信息、记忆、学习和推理等能力上。主流词典对智能的定义大多是"学习、理解和基于理性做出判断或发表意见的能力"[37]或者"学习、推理、理解和进行类似心理活动的能力;在把握真理、关系、意义等方面的相对能力"[38]。杰夫·霍金斯(Jeff Hawkins)和桑德拉·布莱克斯利(Sandra Blakeslee)把智能描述为大脑预测未来的能力,认为预测未来的能力正是智能的关键所在。[39]

19 世纪德国生理学家兼物理学家赫尔曼·冯·亥姆霍兹
(Hermann von Helmholtz)进行研究并表示"大脑以概率的方式来计
算和感知世界,并根据感官的输入情况,不断地做出预测和调整信
念"。根据时下最流行的贝叶斯算法,大脑可看作是一种旨在最大限
度地减少"预测误差"的"推理引擎"[40]。卡尔·弗里斯顿(Karl
Friston)提出"自由能量原理"(free-energy principle,FEP)[41],指出自
由能量是个体所期望进入的状态和个体感官感受的状态之间的差
异,并认为自由能量就是生命及其智能的组织原理。

人工智能之父艾伦·麦席森·图灵(Alan Mathison Turing)没
能给出智能的定义,但给出了一种智能的判定方法,该方法源于其
1950 年发表的论文《计算机器与智能》(*Computing Machinery and
Intelligence*)[42]。文章开篇就提出了"机器能否思考"这一问题。图
灵认为,要回答这个问题,需要先给出"机器"和"思考"的定义。他提
出,我们可以用尽可能接近它们普通用法的方式定义这些词语。但
是这种方式是危险的。如果使用这种方式,我们很可能会用盖洛普
调查(Gallup poll)那样的统计方式来得出'机器能否思考'这个问题
的结论及其意义。显然,这是荒谬的。图灵主张将这一问题替换成
判断机器能否赢得"模仿游戏"(the imitation game),这一判断方法
被后人定义为图灵测试。图灵给出的是测试(模仿游戏)而非定义,
这也说明他无法给智能一个精确的定义。

约翰·冯·诺依曼(John von Neumann)在晚期开始研究自繁殖

自动机,提出"自动机的形式化研究是逻辑学、信息论以及心理学研究的课题,单独从以上某个领域来看都不是完整的,所以要形成正确的自动理论必须从以上三个学科领域吸收其观念"。他比较分析了天然自动机(人脑)与人工自动机(机器)对刺激的响应机制[43],倾向于从逻辑规则的角度设计出自繁殖自动机,但遗憾的是该项设计工作没来得及完成[44]。

斯蒂芬·斯梅尔(Stephen Smale)曾列出了 21 世纪的 18 个数学问题[45],其中第 18 个问题就是关于人类智能与人工智能的极限。斯梅尔还不能回答人类智能与人工智能的本质异同,但主张探寻人类智能的数学模型,并且认为模型很可能不是唯一的。大卫·曼福德(David Mumford)也是模型论支持者,他认为人类大脑所看到的通常不是模糊的、原始的感觉信号,而是充分应用记忆、期望和逻辑的灵敏的重造,人们用模型来识别思想,且模型识别远非标准逻辑,而且已经到了没有计算机人类就远无法达到的地步,然而计算机还需要美学价值和用处的完美结合。虽然模型论要达到完满的理论还有很长的路要走,但他认为模型论比任何别的理论都更成功。

斯蒂芬·沃尔弗拉姆(Stephen Wolfram)[46]也讨论过智能:"我们的大一统原理认为,无论是微小的程序还是我们的大脑,一切都是可以被计算等价的。在智能和单纯的计算之间并没有明确的界限。天气本身没有脑子,但是天气变化所涉及的计算并不比大脑更简单。不过对我们来说,两者的计算非常不同。因为天气的计算与人的目标和经验没有任何关联,它只是自己在演化自己的原始(raw)计算。"

从这些观点我们可以看出计算主义对人工智能的发展影响深远。1939 年,图灵就提出了超级机器的范式 O-machine。一个 O-machine 是由一个经典图灵机(有限的状态集和转换集)和一个 Oracle(预言机,可能是无限的数字集)组合而成。[47] 1985 年形成的丘奇-图灵-多伊奇原理(Church-Turing-Deutsch principle)[48] 可以被描述为,每一个物理系统的过程都能被一个通用图灵机所计算或模拟。该原理是强计算主义的代表。沃尔弗拉姆甚至把计算误解为智能。

我们认为,智能可以被定义为发现、加工和运用认知坎陷的能力。基于此,物理世界本身允许的可能性是没有智能的,或者说智能为零。比如石头就没有智能,再具体一点,立在山顶、处于鞍点状态的石头,任何一点风吹草动就可能使之滑落,它滑落的方向和轨迹根据物理条件的变化而不同,有很多种可能性,而这些可能性都不具备智能,因为石头本身并没有意识,没有主体性,这一切可能性只是石头对物理环境完完全全的反应。但是,如果有人(或其他能动体)主观地希望石头朝特定方向滚落,并且按照这个主观意识去施力,打破石头在物理环境中原本会继续持续的静止状态,那么这一系列动作就体现了智能,甚至为了让石头滚得更快,人(或其他能动体)从过往的经验中总结出圆形更容易滚动(发现认知坎陷),并使用工具将石头打磨成更光滑的球形(加工和运用认知坎陷),还采取清除路径上的障碍物等方式来达到预期目标。能动体通过认知坎陷将外部世界区分为"事"和"物",其主体性因而有广袤的发挥空间,从而为智能的拓展提供了基础。认知坎陷一开始受限于物理世界的约束,随着进化,认知坎陷的主体性逐渐增强。如果能动体不具备主体性,没有发现、加工和运用认知坎陷的能力,也就相当于没有智能。智能拓展是动态过程,没有尽头,能动体始终在发现、加工和运用认知坎陷的进程之中。

4.3　智能度量模型

有观点认为百度大脑已达到 2 岁儿童的智力,这种观点实际上是对"智能"这个抽象概念进行了某种度量。这个观点是否正确我们暂且不予置评,我们关注的重点在于智能到底可不可以被度量? 如果可以,又应当如何进行度量呢?

有一种度量方式是归类,比如人类是我们已知的拥有最高智力层次的群体,猫和狗等动物是低于人类的另一层次的智力动物,昆虫等生命的智力层次则更低。当然这种归类只是非常模糊的定性分析,要更具体、更精确的描述才能叫作测量。

智商测试是一种对智力的判定,但这类测试有明显的局限性。一方面智商测试的上限受限于测试题库编写者的智商,理论上它无法判断超出编写者智商范围的智商;另一方面,显然我们无法让动物理解并回答智商测试的问题,因而无法依此判断动物的智商。

　　智能的度量和"知识"的度量是两回事。从群体的角度看,不同年龄的人群智力差别不大,但从个体的角度看,个体之间的智力差别可能非常大,这也许是取决于"知识"的多寡,也许是取决于个体尝试理解知识的思维逻辑的正误。

　　我们设计模拟的迷宫实验可以用来衡量前述定义的智能,或者说衡量发现、加工和运用认知坎陷的能力。一种可能性是,智能体(agent)①随机尝试,只要给予足够的时间,它就可能走通;另一种可能性是智能体带有偏向性,比如每次选择都靠左或者是能够记得之前错误的选择而避免重复行走。这两者之间的差别就体现了智能。在鞍点状态,或者是面临选择时,哪怕往左走明显更省物理能量,人很多时候也会选择往右走,而不按照物理的常轨(routine)来,这就是智能的体现。这样累积下来,"路径积分"就可以用来度量智能,常轨和一条新发现的路径之间的差异也是智能的体现。

　　在没有智能的情况下(比如石头),每一步都应该是随机的,分不清楚直线或转弯,因而每一步都可能前进或后退。在有智能的情况下,可以有几种方式模拟,比如通过做标记等方式记住走过的路,避免重复走之前不通的路,或者发展出打洞等新的技能。打洞的话可能要给两个条件,一是事先知道出口在右下角,二是假定最外围的墙壁无法打通,就只有右下角唯一的出口。将打洞耗费的能量和常规

---

　　① 智能体是指在一定的环境中体现出自治性、反应性、社会性、预动性、思辨性(慎思性)、认知性等一种或多种智能特征的软件或硬件实体。

走法消耗的能量设定一个比例,一开始打洞会能耗比较高的能量,但后面随着经验积累就会逐渐降低到一个相对固定的水平。

假如没有自我意识,就不需要智能,只有拥有了自我意识,有了主体性,才会有智能,智能才有意义。在迷宫中做选择、标记、打洞,都是因为有主体性,主体希望达到一个目标,于是有偏向地去做某件事,从而逐渐顿悟,智能逐渐升级,对物理世界的反叛越来越强。物理世界原本存在的常轨没有智能,突破常轨,不走寻常路才是智能的体现。智能一开始会耗费很多能量,比如学会打洞的新技能,新发现一条崎岖的捷径等,但是当越来越多的人也尝试追随,就会提高效率、节省能耗(比如将崎岖捷径修葺为工整小路),也就是说智能带来的好处很多时候会滞后,而不是体现在一开始。这也能说明为什么创新和创造很不容易,因为很多有价值的创新一开始不被理解,看起来就是很耗费精力的事情,但其背后具有巨大的、能在未来发挥出来的价值潜力。

马克思说:"在科学上没有平坦的大道,只有不畏劳苦沿着陡峭山路攀登的人,才有希望达到光辉的顶点。"智能就是要突破常轨,走不寻常的路,虽然一开始这条路看起来没有吸引力,但走通之后就会被逐渐接受。与常轨相比,这条路提高了效率,或者发现了新事物、拓展了极限边界,在这个意义上就可以度量智能,即智能是所有可能路径的叠加、积分。我们的模拟就是对完全随机、有意向选择、有简单记忆、能够重头归零等不同的简单条件下的路径积分进行对比。

科学问题的度量并不简单,很多物理现象也无法计算清楚,现在能够计算清楚的也就是氢原子、二体问题这一类比较简单的模型,三体问题就已经开始混淆了。

在开始走迷宫之前,我们可以计划以什么方式来走,如果遇到困难以什么方式解决,这中间也涉及预期是否和环境变化能够匹配(比如下雨要带伞)等问题。我们可以通过价值发现、时间/距离、选择次数等多个维度来评估。用价值来评估也是很自然的方式,这与预期也能关联起来。常轨更贴近物理规律,根据最小作用量原理,从某一点到另一点的轨迹,就是选择的最小作用量的轨迹。经典力学和量子力学几乎都是这样,费曼路径积分中,也是最小作用量的轨迹概率最大,其他轨迹围绕这个轨迹呈弥散状态。智能就是对常轨、对自然的反叛,而且做了选择、优化。当然突破迷宫还有一种方式是突破障碍(打洞或者攀爬等),这种条件下智能的度量就更复杂。

我们对智能的度量可以描述为式(4-1):

$$F = \sum_i \int f(s_i, y, z) \, \mathrm{d} s_i(\dot{x}, t) \qquad (4\text{-}1)$$

其中 F 表示智能,s_i 表示所有的物理可能性,y 和 z 表示主体性的影响因子(例如冲动、情绪等),$\dot{x}$ 表示空间,t 表示时间。当 y 和 z 为 0 时,f 只取决于物理可能性 s_i,这种情形我们定义为 $F(0)=0$,表示没有智能,是智能度量的基线。

式(4-1)中，F的影响因子既可以是物理学里的可测量，比如距离、时间、质量、能耗等，也可以是经济学里可测量，比如成本、价格、利润等，还可以是主观变量，比如喜怒哀乐等情绪和对色彩的感知等主观感受。F并不代表智能本身，而是智能的一种间接度量，在某些特定场景下，影响因子可以被限制在一定范围内，我们也就可以得到在该场景下度量智能的基线。例如在本书中，模拟实验环境以迷宫为场景，通过计算步数、能耗等值来度量智能。当迷宫规格增加，即复杂度升高时，不同的策略得到的值不同，部分策略的性能与迷宫规格正相关，也就是说迷宫越复杂，策略效果越优。对比实验结果表明，智能的水平及其影响不能仅凭当前或早期的表现而下定论，而是需要在更长时间内接受检验，随着系统复杂度提高，智能的优势才能得以彰显，而且环境越复杂，高智能的优势越明显。

4.4　简单的智能模拟

本书模拟实验中的迷宫由道路和墙组成，且迷宫中道路上的任意两点应互相可达。按照走法的种类，迷宫可以被分为单迷宫和复迷宫。单迷宫是只有一种走法的迷宫，复迷宫则是有多种走法的迷宫。由于有多种走法，复迷宫中必然有一些地方可以不回头地走回原点，这条可以走回原点的通道就在迷宫中表现出了一个闭合的回路，以这个回路为界，迷宫可以被分为若干个部分。所以，复迷宫从本质上说是由若干个单迷宫组成的。

本书实验采用的是单迷宫,如果要求不走回头路,那么从起点到终点就只有一条路径。进一步地,我们将实验用的迷宫限定为长宽等长的方形迷宫,最外层为外墙,规定入口在左上角位置,出口在右下角位置。我们用步数来度量迷宫的规格。随机迷宫生成算法一般有以下三种:随机普里姆算法、深度优先(递归回溯)算法、递归分割(分治)算法。我们采用了随机普里姆算法生成任意大小的迷宫。

本实验模拟了三种不改变常轨的策略,可以被归为简单智能的策略,具体如下:

(1)盲目走(blindfold)策略,即从起点开始,每一步都随机选择上、下、左、右四个方向之一行走。这也是完全没有策略、没有智能的走法。

(2)不后撤(without backward)策略,即除非无路可走,否则绝不后撤(走上一步),遇到路口,就随机选择一个方向走。该策略具备初级智能,能够分辨出前进和后退的方向。

(3)带标记(steps marked)策略,即能够通过标记的方式记住所有走过的位置,除非无路可走,否则不会重复走过的位置,其他情况下随机选择一个方向走。

实验选取 41(步)×41(步)迷宫(即迷宫长宽都为 41 步)进行研究,采用带标记策略行走 1000 次,得到 1000 条路径,并找到其中最短的一条路径,路径如图 4-1 所示。由图 4-1 可知,智能体如果能够回避所有重复路径，就能走出全局最短路径，但是如果只给他一次机会，智能体几乎不可能一次就能找到全局最短路径。

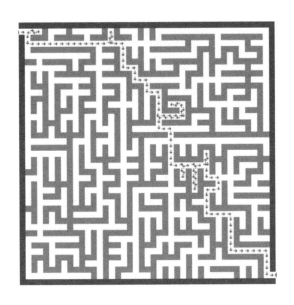

图 4-1　使用带标记策略行走 1000 次的最短路径

黑色方块为外墙，灰色方块为内墙，白色方块为通路，箭头为行进路线。仍旧选择上面生成的 41（步）×41（步）大小的迷宫，紧接着，再采用盲目走、不后撤策略各行走 1000 次，每个策略各得到 1000 条路径，再加上带标记策略的 1000 条路径，得到上述三类策略各自对应的 1000 条路径步数分布如图 4-2 所示。

由图 4-2 可知，总体来看，盲目走策略、不后撤策略、带标记策略消耗的步数是依次递减的，盲目走策略消耗的步数最多，不后撤策略其次，带标记策略最少。这三种策略的路径步数都大致呈单驼峰分

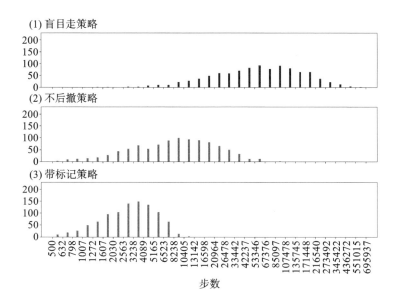

图 4-2　使用三种策略各行走 1000 次的路径步数分布。实施选取 41

　　　　(步)×41(步)迷宫进行研究,横轴表示步数区间,如第一个

　　　　步数区间为[500,632],纵轴表示步数在此区间的路径数,

　　　　每个策略各有 1000 条路径

布,盲目走策略的峰值位置在 53346～107478 步,不后撤策略在 8238～

10405 步,带标记策略在 3238～4089 步。

　　实验也模拟了不同规格的迷宫的步数表现。生成 15(步)×15(步)、

21(步)×21(步)、31(步)×31(步)、41(步)×41(步)、51(步)×

51(步)、61(步)×61(步)、71(步)×71(步)大小的迷宫,即迷宫长宽

分别为 15 步、21 步、31 步、41 步、51 步、61 步和 71 步。对于每个规

格的迷宫,采用以上三个策略分别走 1000 次,并计算分别得到的

1000 条路径的平均步数以及带标记策略的最短路径步数和全局最短路径步数,计算结果如图 4-3 所示。

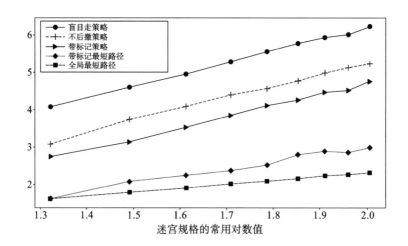

图 4-3 不同规格的迷宫采用不同策略的路径步数

图 4-3 中,横轴为迷宫规格的常用对数值,纵轴分别为以下数值的常用对数值:

(1)盲目走策略的平均路径步数。

(2)不后撤策略的平均路径步数。

(3)带标记策略的平均路径步数。

(4)带标记策略的最短路径步数。

(5)采用广度优先搜索算法(breadth first search)得到的全局最短路径步数。

图 4-3 中不同策略对应的折线的斜率的最小二乘拟合结果如表 4-1 所示。

表 4-1 不同策略的拟合结果

策略	拟合结果
盲目走	3.04
不后撤	3.05
带标记	2.80
带标记最短路径	2.08
全局最短路径	1.02

根据前述图表结果,我们可以总结出不同策略的平均步数和迷宫规格关系的公式:

$$P_{盲目走} = l^{3.04} \tag{4-2}$$

$$P_{不后撤} = l^{3.05} \tag{4-3}$$

$$P_{带标记} = l^{2.80} \tag{4-4}$$

其中,P 代表平均步数,l 代表迷宫规格。

从式(4-2)、式(4-3)、式(4-4)可以看出,盲目走策略与不后撤策略的平均步数与迷宫规格对应的折线的斜率大小大致相同,带标记策略的平均步数与迷宫规格对应的折线的斜率小于盲目走策略与不后撤策略的平均步数与迷宫规格对应的折线的斜率。如果我们认为盲目走策略代表一种完全无智能体,不后撤策略代表一种简易的智能体,那么这两种智能体的实际轨迹相差并不明显;而带标记策略代

表一种复杂智能体,这类智能体具备做标记的"智慧"。带标记策略行走的平均步数随迷宫规格增大而增大,但消耗的步数增速较前两种方式明显更慢。因此,带标记策略的表现明显与系统的规模相关,规模越大策略效益越明显,这与前两种策略有质的不同。

4.5 智慧与愚蠢

除了简单智能体,实验也设计并模拟了更聪明的智能体。假设智能体能够进化出打洞技能,它们就可能打破常轨,这类智能体就比循规蹈矩的智能体更为聪明。为了方便模拟,我们假设智能体具有先验知识,即事先知道出口在右下角,同时假定最外围的墙壁无法打通,即出口是唯一的。实验设计了如下两种策略:

(1)简单打洞(simple digging)策略:在每一步,如果右边和下边都是墙,就随机选一边打洞穿过去;如果有一边是墙,就选择没墙的一边走;如果都不是墙,就从右边和下边随机选择一边走。

(2)聪明打洞(smart digging)策略:在简单打洞策略的基础上,当右边和下边都是墙时,将左上到右下(入口到出口)的对角线连接,判断当前所属区域。如果当前位置在对角线右上区域,当左边不是墙,则以90%的概率往左退一点;否则,向下打洞。如果当前位置在对角线左下区域,当上边不是墙,则以90%的概率往上退一点;否则,向右打洞。如果做出回退决定,则屏蔽当前的聪明打洞策略(倾向于向右下方走),

改为不后撤策略,直到下一个路口,恢复原有策略。图 4-4 给出了这两个策略的行走路线示意,迷宫的规格是 41(步)×41(步)。

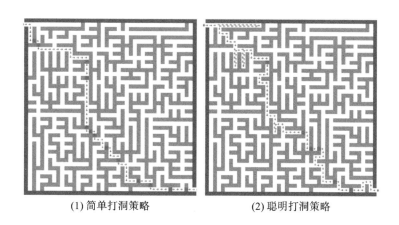

(1)简单打洞策略　　　　　　　　(2)聪明打洞策略

图 4-4　简单打洞策略和聪明打洞策略路线示意图

黑色方块为外墙,灰色方块为内墙,白色方块为通路,箭头为行进路线。针对上面生成的 41(步)×41(步)迷宫,我们保持迷宫的规格为 41 步,继续生成 500 个迷宫规格为 41(步)×41(步)但结构不同的迷宫,每个迷宫分别用简单打洞策略和聪明打洞策略各行走一次并记录在不同结构的迷宫两种策略的打洞数目和路径步数,其分布如图 4-5 所示。

从图 4-5 可以看出,简单打洞策略和聪明打洞策略的打洞数目均呈现单驼峰分布,简单打洞策略的打洞数目整体多于聪明打洞策略。假设打洞耗费的能量相当于常规走法走 500 步,并假设走一步消耗的能量单位为 1。进一步地,我们分别生成迷宫规格为 21 步、31 步、41 步、51 步、61 步、71 步、81 步、91 步、101 步的迷宫,对于每

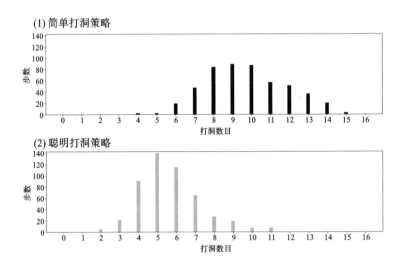

图 4-5 规格为 41(步)×41(步)但不同结构的迷宫的打洞数目和路径步数分布

个规格的迷宫,采用以上两种策略分别走 1000 次,每种策略得到 1000 条路径,求其平均步数、平均打洞数和总能量消耗;并且,作为对比,我们还采用带标记策略同样在不同规格的迷宫分别行走 1000 次,统计其平均步数。统计结果如图 4-6 所示。

图 4-6 中,横轴为迷宫边长的常用对数值,纵轴分别为以下数值的常用对数值:

(1)简单打洞策略的平均步数。

(2)简单打洞策略的平均打洞数。

(3)简单打洞策略的总能量消耗。总能量消耗的计算方法为路径步数加上打洞个数与 500 的乘积,即挖一个洞等价于走 500 步。

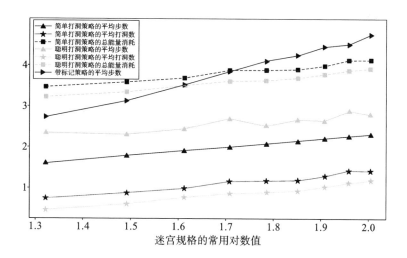

图 4-6　不同规格的迷宫的采用不同策略的情况

(4) 聪明打洞策略的平均步数。

(5) 聪明打洞策略的平均打洞数。

(6) 聪明打洞策略的总能量消耗,计算方法同(3)。

(7) 带标记策略的平均步数。

图 4-6 中简单打洞策略与聪明打洞策略对应的折线的斜率的最小二乘拟合结果如表 4-2 所示。

表 4-2　简单打洞策略与聪明打洞策略的拟合结果

策略	打洞数	步数	总能量消耗
简单打洞策略	1.09	1.00	1.09
聪明打洞策略	0.98	0.81	0.96

类似地,我们可以总结出公式:

$$Y = l^{\sigma} \tag{4-5}$$

其中,Y 为平均步数或者总能量消耗,l 为迷宫规格,σ 为斜率。

从表 4-2 可知,简单打洞策略的平均步数、打洞数和总能量消耗对应的折线的斜率均接近 1,接近于全局最小路径线的斜率(见表 4-1);而聪明打洞策略的平均步数、打洞数和总能量消耗对应的折线的斜率均小于 1。这也就是说,采取简单打洞策略能获得接近全局最小路径的平均步数和增长速率(相对于迷宫规格而言);但是对其进行简单的改进之后,可以获得超越原始的简单打洞策略的效果,也即,随着迷宫规格的增加(如增加 1 倍),其打洞数、平均步数、总能量消耗的增速放缓(相应地,增加小于 1 倍)。

特别地,从图 4-6 可知,简单打洞策略和聪明打洞策略的总能量消耗分别在迷宫规格为 51 步和 41 步之后对带标记策略完成了超越,总能量消耗开始低于被认为是复杂智能体的带标记策略。

我们可以通过下列公式对智能进行比较,这一结果为负值时,表明当前的策略陷入类似暗无限的死胡同中,表现出愚蠢或没有智能。其中,C_x 表示当前策略,C_0 表示物理状态即智能为零,complexity 表示复杂度,a 和 b 为变量参量,根据具体的测量场景的不同而变化。

$$\log_2\left(\frac{C_x}{C_0}\right) = a \times \text{complexity} + b \tag{4-6}$$

CHAPTER

第 **5** 章

因果链重构

意识是一个既有独立性，又具备开放性的体系，能够充分利用外在环境中的要素尽可能地让自己变得简单，系统 1 就是如此。具体来说，认知坎陷可以一分为二，也可以合二为一，这种分合变化就是通过灵光一现（serendipitous moment）达成的，比如陆游的"文章本天成，妙手偶得之"就描述了这样一种灵光一现的场景。这种良缘主义（serendipetism）产生的建构是在内因和外因都已准备好的前提下，在某一个时刻被激发出来的，从而生成新的东西。比如我们对颜色的概念，黄色和蓝色概念的形成孰先孰后并不确定，但是一旦我们形成了对一种颜色的概念，对其他颜色的概念迟早会形成，只是不确定在进化过程中这种偶然相遇的时刻何时会发生而已。还有比如前文提及的 meme 的产生，或者"吃瓜群众"等流行词的出现，这些具体何时、在哪个场合、由什么人发起，都是不确定的，这就与具备确定性的、强调整体性质的涌现不一样。系统 1 更倾向于在复杂的场景里摘取一点要素性的东西，将其吸纳进来并尝试坎陷化，就这样一点点地积累和成长起来。除了个体创新和创造很多时候来源于灵光一现，生命进化过程中有些重大的分叉也是类似，比如进化出味觉和视觉。

5.1　附着与隧通

"自我"作为最原初、最重要的认知坎陷，它所指代的含义既可以是无穷多的，在某一个场景下又可以是有限的。比如，"我"可以是自己的名字、形象、声音、观点、作品等，其中每一个侧面又可以包含更多细节,其内容甚至可以无穷丰富;但在讨论某一张合影时,我们说的"我"就会很具体地指向这张合影中一个人的形象。那么,认知坎陷这种看似矛盾的关系,如果放在机器上应该如何处理?

为此,我们提出一对新的范畴——"附着"和"隧通"[49],这对范畴就可以决定我们如何在机器上实现看似抽象的内容。附着相对容易理解[1],是指一个认知坎陷在具体时空和场景下选择某一个侧面来表达。隧通则是指在不同认知坎陷之间或者相同认知坎陷的不同侧面之间的关系的建立。例如,隧通可以是建立因果关系[50],也可以是建立类比、对比、否定、假借等关系,简而言之,隧通比建立因果关系要更加普遍。隧通的一个极致状态是德勒兹(Deleuze)讲到的蔓延[51],他主张的认知或者概念是生成的且无边界的。但通常而言,隧通是一条优化的、较短的路径。我们在表 5-1 中列出了几组相关概念,用来对照理解。

中国哲学史和逻辑思想史上的"名实之辩"是对名实关系的研究[2],"实"可以理解为物理世界,"名"可以理解为语言概念。我们常

---

①　奎因(Quine)说:"本质脱离物而依附词时成为意义。"斯宾诺莎(Spinoza)说:"一切规定都是否定。智能的忽略,也就等于使焦点周围的其他所有的点都处于遮蔽状态中。"这些给我们定义认知坎陷的"附着"以启发。

②　春秋时期,"名实相怨",邓析首先作《刑名》一书以正之,并提出"按实定名""循名责实"的主张。孔子强调以名正实,以为"名不正则言不顺,言不顺则事不成"(《论语·子路》),主张按周礼规定的等级名分来纠正"礼乐不兴""刑罚不中"的现状。墨子提出"取实予名",强调知与不知之别"非以其名也,亦以其取也"(《墨子·贵义》)。后期墨家对名、实关系作了详细分析,认为"所以谓,名也;所谓,实也"(《经说上》)。指出有物才有名,无物便无名:"有实也,而后谓之;无实也,是无谓也。"(《经说上》)名的作用在于"拟实""举实",倘若名不符实,就会产生错误:"过名也,说在实"(《经下》)。

表 5-1 几组相似范畴的对比

范畴对		出处
附着	隧通	笔者文章①
实	名	名实之争
唯实论	唯名论	中世纪经院哲学
可说	不可说	维特根斯坦
所指	能指	索绪尔
内涵	外延	逻辑学
有限性	无限性	——

提到概念有"内涵"和"外延"之分，内涵是相对容易解释清楚的，而外延就可能是无穷的，如维特根斯坦（Wittgenstein）提到的"可说"与"不可说"，索绪尔（Saussure）的"所指"与"能指"，隐喻与其背后的含义，等等。这些范畴对也类似，分别体现了有限与无限的特性，因此它们就可以与我们提出的"附着"与"隧通"对照来理解。无限和有限之间看似存在巨大矛盾，但很多时候，人类恰恰可以将认知中无穷的内容"附着"在微观、具象的内容上。比如说"我们的生活比蜜甜"，就是把一个无限的内容（生活）附着在一个很具体的事物（蜜）上。

认知坎陷（意识片段）是超越时空的，而不是只出现在一个时间点上，所以其内容可以无穷丰富。传统的理论倾向于假定有一个实体化的、理想的"点"，例如康德（Kant）的"物自体"、柏拉图（Plato）的"理念"，都有实体化的意味，但我们遇到的都是意识片段，它们其实

---

① "附着"与"隧通"的概念由本书作者蔡恒进、蔡天琪于 2021 年在《附着与隧通——心智的工作模式》一文中提出。

是非实体化的。意识片段在时间上既有连续性又存在跳跃性,虽然我们可以用一个符号去指代某个意识片段,但这个符号不太可能将意识片段完整地重构出来。

这种"附着"非常重要,可以用来理解"自我"等认知坎陷所具备的不同侧面。"自我"虽然可以指代无穷多的含义,但是在具体的场景下,"自我"依然可以具象化。"自我"有时候指的是自己的外形,有时候指的是对应在某一个时刻场景下的我,有时候指的是一个名字……这些都是"自我"可能附着的具象。在很多人心目中,李小龙可能是附着在他身穿黄黑色运动服、手持双节棍的经典形象上。在普通人的社交关系中,对不同人的认知可能就附着在这个人的名字上。不同的人或者同一个人在不同情形下,其认知坎陷的"附着"都可能发生变化,但任何"附着"都提供了将"无限"压缩或投射到"有限"的功能。

认知坎陷(意识片段)只有"附着"还不够,在不同的场景下,还要将意识片段不同的面向挖掘出来,这就是"隧通"的作用。比如病毒的核酸链附着在蛋白质外壳的包被之中,但它一旦进入细胞或者适宜环境中,就可以感染和复制,可以在不同的环境中进行相应的表达,这就是一种隧通。换句话说,无穷多的内容先附着在具象上,然后通过这个具象又可以隧通到背后相关联的多个面向,但彼此可以相互传达。任何认知坎陷(包括信念等)都可以被附着和隧通,二者对应了学习过程里的"约(简约、简洁)"和"博(博大、广袤)"。写作和阅读也是一直在附着和隧通之间不断转换,从博到约,从约到博。高级智能就要求能灵活处理这类博约的问题。

　　人的脑容量有限,米勒定律就指出,普通人只能在工作记忆(即短期记忆)中保持 7(±2)项信息[52],而物理世界是无限的。可是,现实中有的人就拥有很强的理解能力与认知能力,似乎在任何场景中都能得心应手。其中的关键就在于他们能够快速地找到适合的附着之处,或者说能自如地隧通。对大多数人而言,附着并不是难题,但如何隧通、如何更好地适应新场景则不是简单的问题,这也体现了个体之间不同的智能水平。附着之处还是有好坏之分的,有人附着在"自我"、宗教信仰上,有人关注身体状态,有人关注自己过去的遭遇,有人附着在对未来的美好期待上,等等。除了附着之处本身的好坏之外,还要看主体附着之后其是否能更好地适应新场景,适应性更强的附着之处往往更优。

　　心智的工作机制可以理解为一个五元组,即对情境的感知,对"自我"的设定,附着,隧通,输出。其中:

　　(1)对情境的感知。情境包括但不限于时间、地点、环境、社会热点事件等信息。

　　(2)对"自我"的设定。当前情境下"自我"的侧面选择。

　　(3)附着。对感知到的情境中认知坎陷侧面的选择。

　　(4)隧通。将对象的侧面隧通到"自我"的侧面。

　　(5)输出。形成情绪(心理结果)和/或冲动(行为结果)。

5.2   意识的统摄作用

生命作为物理系统时,需遵循严格的因果定律,即可以追溯生命在物理意义上的因果关系。然而,我们知道任意一个事件的物理归因都将对应着一段极端复杂且冗长的因果链条。以计算机的制造过程为例,计算机的制造过程在物理层面的起源追溯异常复杂,它涉及电路板的设计与制造、芯片的生产与加工、硅材料的提炼、矿产的开采,以及分子和原子的相互作用等。即使以全能视角进行剖析,某一台计算机的物理归因仍然含糊不清,更不用讲计算机作为一个品类,它的物理归因该有多么复杂。但是,假如我们从意识的角度来看,计算机的制造过程就简单、清晰得多。这一过程可能始于人们对计算需求的观察,以及人们模仿自然界中的逻辑运算,使自己能以某种形式处理信息的意图。这两者的结合可看作是人们创造计算机的第一"意识原因"。经过一代又一代人的努力尝试,人们最终将模糊的意图转化为科学的实践,计算机的概念以及制作蓝图被成功地构想出来,真正的计算机最终被创造出来。

在生命主体建构的意识系统中,生命主体在物理世界中的自由得以彰显,因而生命主体能够更好地运用这些自由。意识世界超越了现实的物理时空,其实质性的改变在于我们能够通过意识片段或认知坎陷在思维认知上获得一定程度的自由,摆脱已知的复杂的物理关系,从而进行创作、创新与创造。这使得意识世界变得更加丰富,自由度也随之提高。倘若我们始终深陷于物理世界的复杂关系中,那么这些自由将难以显现,主体的自由度便无法提高。因此,意识在宇宙进程中的主动参与,也是不可忽略的。意识主体的体验虽简洁,但背后仍需要相应的物理细节作为支撑。以驾驶为例,当我们需要转向时,我们仅需将方向盘转向所需方向。然而,实际上,方向盘的力量如何通过一系列过程传递到轮胎并完成转向,其中涉及的机制相对复杂。作为司机,我们无须关注这些物理细节。一个简单的意识过程背后需要有相应的物理机制支撑,尽管我们并未意识到或完全忽略了这些物理机制,但它们是必不可少的。

意识世界与物理世界可视为某种状态下的平行关系,但意识具有简化作用。我们将此总结为因果链重构理论,即在意识世界中,因果关系链条被大幅简化。这种简化过程亦可被称为"隧通"。

以在手机 APP(应用程序)上控制电动汽车的空调为例,这个过程在意识主体看来非常简单,点击 APP 的图标打开应用,找到空调开关,点击打开空调,仅需几次触屏点击即可完成,然而,背后是一系列复杂程序支撑这些功能的实现。

首先一层是主体点击手机上的图标;下一层是手机上的点击操作变成一串信息,并传送到电动汽车上去,这些信息就会驱动汽车的系统,这些软件一般是由高级语言编写的;再下一层就是将高级语言编译成机器可以理解的汇编语言;再下一层就是通过逻辑门来操控对应的物理部件,如是否通电开启风扇、压缩机等。最上一层点击图标操作是最简单的且具有统摄作用的,整个流程在逻辑上也是一层一层因果完整的。其中,如果上一层的因果中间有省略或跳跃的部分,就会在下一层中填补其中的内容,直到最底层所有的细节都被补充完整,整个物理过程得以顺利进行。

从最底层的物理器件的响应,到操作系统与机器语言的编译,再到高级语言编程,以及上层的意识世界的流程,以我们主观角度看起来如此简单的一个操作,背后其实发生了多个不同层次的复杂过程。从计算机的角度来看,这涉及许多指令、代码、对计算资源的调用、对物理层面的操控等一系列细节,与意识主体的逻辑过程截然不同。得益于意识的简化作用,因果链条变得更清晰,相当于提供了因果关系之间的捷径,从而使所需计算变得相对简单得多,节省大量计算资源。这也可被视为智能的本质。

卡尼曼将大脑分为两个系统,并称为系统1和系统2。我们借鉴他的观点,将意识世界分层。

第一层是眼、耳、鼻、舌、身还有大脑产生的内容,是主体对世界的感知、记忆、预期等。这些内容是对物理世界不完美的感知和反应,对历史不完美的记忆,或者是对未来不完美的预想。不同主体会很不相同,有很多自由度,受到的约束较少。"自发的自我"产生于此,而"概念性的自我"则在系统2里。

第二层是系统2中能通过认知坎陷表达出来的内容。认知坎陷主要是语言,也有少部分是超乎语言的,通过眼、耳、鼻、舌、身表达。第二层要通过奠基(grounding)到物理世界来补足其中的因果关系,但这种补足不会那么完美,与前述的软件系统的例子不一样。在软件系统的操作流程中,其底层能完美支撑上一层的因果链条。

这种不完美的补足恰恰是优势:当前还填充不了,以后可能再补足;当下可能还实现不了,但是未来可能实现。例如,低等生物在系统 1 中能生发的内容比较少,到高等生物就变得很多,而且能在更长的时间尺度上实现。在意识系统里,人与世界的关系,并非像软件系统的操作咬合衔接得那么紧密。因此越是上层则自由度越高,能探索的可能性也更多。甚至可能在只有一个信仰或信念的情况下,只要主体坚持下去,底层还是有可能支持上层的信仰或信念,将概率堆垒,把小概率事件变为现实。

意识世界的内容背后是有所指向的,有物理世界的支持,而且能凸显人的自由,为人们留下很多可以进行创新的空间。除了前文举例的空调,我们也有可能去控制更多、更复杂的内容。

当我们通过意识进行重构时,物理世界的复杂层次被一层一层地简化,我们也将物理世界的可能性进行了有效的概率堆垒。也就是说,将概率空间里的可能性叠加起来,将原本从物理世界看起来是很小概率的事件变成可以确切发生的事件。

5.3 人造物作为意识的凝聚

人造物是人类主观意识的对象化和物化,是设计制造它的一群人的意识凝聚,是人类意识反作用于物理世界的媒介。意识的凝聚并不仅限于文字,绘画、乐谱、雕塑,甚至装置,都可以是人造物作为意识凝聚的具体形式。

例如人类发明制造了一座磨坊(水车),它能够按照人类设想的方式随着水流转动,将水流转换为动能,那么这座磨坊就是人造物,是人类(发明者)的意识凝聚(磨坊显然不是生物进化过程的产物)。从物理世界的角度看,我们没有证据证明磨坊绝对不能自然形成,也许在某些机缘巧合下,也可能在没有人类参与的情况下自然形成像磨坊这样的物件,但是这是极小概率的事情。正是因为生命的意识作用,才做到了让这种极小概率堆垒成为实实在在可以实现的概率。

人还可以进行所谓的反事实推理,也就是去设想根本没有发生的事情。正是因为我们可以预演未来可能遇到的情况,并设想如何应对,我们才能在真的遇到这种情况时做好准备,将设想变为现实。因果重构理论涵盖了奠基思维,是规划性的、超前的,更能体现智能的本质。

在这个复杂的世界里,我们不需要关注无穷多的事物,而只需要也只能够关注有限的、可掌控的事物。我们需要超越时空,有计划和目标,并找到实现目标的方法。如今,GPT模型和深度学习等技术正在实现这一目标,强化学习通过结果来调整过程,与 GPT 模型相辅相成。

我们很多时候觉得机器只有智能没有意识,是因为我们把意识极致化了,即我们的理解将每个意识片段所蕴含的丰富的、个性化的部分都剔除掉,只剩下绝对的那部分。然而从某种程度上看,机器的意识已然存在,现在的 GPT-4 或者是 ChatGPT 表现很强大,好像没有情感,只是为用户提供服务,但这只是语言模型戴着的面具而已。实际上它以人类语料库作为训练基础,相当于以人类意识为本体,已经学会了很多内容,甚至可能非常了解人类的优点和缺点。

5.4　推理尖隙跨越

理论上,我们仍然面临着一个悖论:如何在一个没有主体性的物理系统中进化出主体性来。物理学的发展过程中也曾经遇到过这种情况。如图 5-1(a)所示,牛顿力学是时间可逆的,而热力学则是时间不可逆的,两者之间存在明显的冲突,图中我们用两根平行线表示二者不能融合。历史上也有诸多物理学家尝试弥合两者间的矛盾。吉布斯(Gibbs)试图通过系综理论建立宏观现象与微观现象之间的关系,玻尔兹曼(Boltzmann)提出 H 定理,从可逆微观机制(统计假设)推导出热力学第二定律,各态历经假说、柯尔莫哥洛夫熵更进一步,让牛顿力学和热力学之间只有细微的差别,图中用尖隙(cusp)来表示。我们将这种理论建构命名为推理尖隙跨越(causation cusp crossing)。

我们试图采用推理尖隙跨越的方式解决物质与意识的对立问

题。如图 5-1(b)所示,意识世界与经典物理世界的冲突点在于非定域性或者说是主体性。生命体因为触觉在自我意识形成过程中的特殊作用(触觉大脑假说①)而具备不同程度的意识与智能,因为有自我肯定需求②而与外界不断交互,而相容论(一种认为决定论与自由意志是相容的见解)也试图拉近意识与物质的距离。更进一步地,因果链重构理论作为一种特别的相容论,指出了意识对物理世界的简化与重构作用。生命通过认知坎陷认知与改造世界,而生命体在形成初期就需要依赖孔隙结构形成个体性(太古宙孔隙生命世假说③),再逐渐形成主体性。

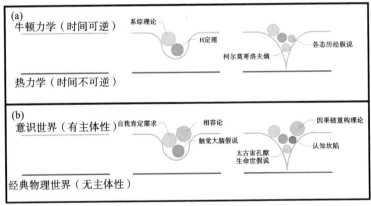

图 5-1　推理尖隙跨越示意图

---

① 触觉大脑假说明确了触觉为区分"自我"与"外界"提供了物理基础,因而在人类智能进化过程中有着特殊地位。详情请参见 2.1 节。

② 人对自己的评价一般高于他认知范围内的平均水平,因而他更希望在分配环节得到高于自己评估的份额,即自我肯定需求。详情请参见 2.4 节。

③ 详情请参见 3.5 节。

5.5　与其他意识模型的比较

朱利奥·托诺尼(Giulio Tonoli)提出的信息整合理论认为意识有程度之分,任何具有必要网络结构的系统都可能拥有一些意识,并采用希腊字母 Φ 来表示系统不同部分之间彼此"了解"的程度。但该理论只适用于那些状态数量有限的离散系统,这意味着它对大多数传统的、连续的物理系统并不适用。比如,粒子的位置或磁场的强度,它们可能的值有无限多。如果想把信息整合理论的方程应用在这样的系统中,通常会得到一个无用的结果,即 Φ 为无穷大。斯科特·阿伦森对信息整合理论提出批评,认为整合度不是意识的充分条件。默里·沙纳汉(Murray Shanahan)的批判针对信息整合理论的推论,他认为在传统计算硬件上实现的人类级别的人工智能(human-level AI)必然是无意识的,但其论述并不充分,沙纳汉认为我们还需要继续等待 AI 发展到一定水平才能判断 AI 与意识的关系。我们对信息整合理论的反驳在于,如果将意识的关键落脚在信息,那么不论是信息交换或整合,都不足以解释意识的难题。从物理的角度来看,任何物体之间都有信息交换,例如任意两块石头之间都有引力作用,也会产生粒子交换,那么石头有意识吗? 当然,有人可以反驳,引力作用交换的内容不是信息;那如果我们对着一面墙说话,它也一定会接收声波、粒子并返回,我们听到回声,是否就说明这面墙就有意识了呢? 我们认为意识的关键还是在于一定要有主体性、带有主观偏好,如此才能算作意识。因此,石头也好,墙也罢,正是因为它们不具备主体性,没有意识,才只会对外界刺激进行完全物理的反应。

卡尔·弗里斯顿提出了"自由能量原理"。他认为,生命只要存在,就会不断减少个体期望与感官感受之间的差距,即让自由能量最小化。自由能量原理的概念本身来自物理学,这意味着如果不引入数学公式,就很难把它解释清楚。从某种意义上说,自由能量之所以强大,是因为它不仅仅是一个文字化的概念,更是一个可测量的量,从而能够被模型化,其建模过程与弗里斯顿引起世界轰动的脑成像建模十分相似。如果将这个数学上的概念翻译成文字,得到的结果大概是这样的:自由能量是期望状态与测量状态之差。换句话说,把自由能量最小化也就意味着意外最小化。弗里斯顿认为,无论是原生动物还是职业篮球队,任何能够抵抗无序和分解趋势的生物系统都遵循自由能量原理。当大脑做出的预测不能很快被感受器证实时,大脑可以通过以下两种方式来使自由能量最小化:修改预测,接受意外,并更新外部世界模型;主动使预测成真。自我肯定商其实是弗里斯顿自由能量原理成立的一个前提,否则植物人才是自由能量最小的,因此自我肯定商或者说自我肯定需求的强度在度量智能时就变得很重要。

马尔科夫毯(Markov blanket)是自由能量原理的一个关键组成部分,通过将毯内和毯外的交互限定在特定条件下,改变内部观察到的模型或者观察其他地方的外部环境,使得内在状态不直接改变外界环境,保护毯内状态不受外部影响。每个人身体内部也存在各式各样的马尔科夫毯,有分隔器官的、分隔细胞的,还有分隔细胞器的。

　　尽管如此,我们所说的认知膜与马尔科夫毯的表达依旧不一样。马尔科夫毯认为,复杂系统有相互连接,连接之间会有些空白的地方,这些空白的地方就是"马尔科夫毯",因此这种"毯子"没有主动的认知功能,但是认知膜理论可以一直追溯到单细胞生命,细胞膜是有认知功能的。

　　自由能量原理与自我肯定需求理论有类似之处,但前者依然是侧重于主体如何适应外界环境,并且仍旧缺少对更底层问题的回答:如果自由能量是个体期望与感知之间的差距,那么个体期望从何而来?或者说意识从何而来? 自由能量原理可能可以解释很多(主体适应外界的)场景,但还有很多现象无法解释,例如人的创造性从何而来。

　　自我肯定需求理论则是从触觉大脑假说出发,把生命本身视为分界点,这是生命的一个很特别的功能。对"我"的这种意识,它在生命起源的早期非常微弱,但是发展到人类时就变得非常强烈。触觉大脑假说里具有认知功能的部分指的是大脑。就单细胞而言,细胞膜是有认知功能的,其认知功能就在于从某种意义上,细胞膜可以分清楚哪些是食物哪些是有害物质,它能区分内外,我们可以将其视为一个很微弱的"我","我"的意识实际上是从这里慢慢进化而来。

　　布卢姆夫妇将有意识的图灵机(conscious Turing machine, CTM)[53]定义为一个七元组,包含短期记忆(short-term memory,

STM)、长期记忆(long-term memory,LTM,由很多个处理器构成)、广播机制(down-tree)、竞争机制(up-tree)、通信机制(links)、输入机制(input maps)以及输出机制(output maps)。其中组块(chunk)作为短期记忆的内容,在某一个时刻它就代表了当前意识的全部内容。

我们曾经写过《人机智能融合的区块链系统》一书,现在,如果与布卢姆夫妇提出的有意识的图灵机的机制相对比,那么人机智能融合的机制就在于,除了机器或 AI 可以作为处理器节点,人也可以作为处理器节点,并且我们的机制中一定要有数字凭证(token),通过数字凭证进行投票、达成共识,虽然有意识的图灵机中的组块也有权重,但权重的赋值依然是依赖于函数,并且权重的调节不会太快速。而数字凭证的可迁移性更强,灵活度也更高,因此我们对有意识的图灵机的改进建议就是要引入数字凭证机制,这样就能更加优化决策机制,应对全新的、紧急的问题。

布卢姆夫妇阐述的有意识的图灵机包含了情感的内容,但依然低估了主体性及其重要性。主体性在智能与意识形成的过程中是无法回避的,因为这个世界无穷复杂,主体必须有取舍,对整体有把握。意识是先于智能的。我们将智能定义为发现、改造和运用认知坎陷的能力。有意识的图灵机中的主旨(gist)与认知坎陷(cognitive attractor)的概念最为接近,attractor 就是非线性动力学中的吸引子,我们相信大脑、身体的机制中都有吸引子/认知坎陷。

有意识的图灵机和经典图灵机的关系如何？有意识的图灵机的七元组看起来比经典图灵机复杂，但其实有意识的图灵机的计算复杂度小于经典图灵机，因为竞争的结构是必须有一个组块进入短期记忆，有意识的图灵机需要在有限时间内必须给出一个答案，而经典图灵机的答案是不确定的。有意识的图灵机的组块和区块链的块（block）可以对应起来理解，有意识的图灵机没有明确压缩规则，但显然我们是需要这种压缩机制的，这是在理解意义上进行的压缩运算。

我们提出的触觉大脑假说解释了意识的起源。有意识的图灵机的主旨就可以看作是意识片段，而意识、自我意识又相互嵌套，因此可以包含很多内容，所以确实很难定义，我们在这方面也将继续研究。

魔法帽模型可以用来描述"自我"与"世界"的关系，其中还包含了"智能水平""自我肯定商"和"认知坎陷"的作用。智能没有终点，是不停发现的过程。如果我们有合适的材料和环境，就可以根据这一模型思路搭建出智能体，但智能体最终能够进化到何种地步，目前来看还是不可预测的，就如同图灵机的停机问题尚无定论一样。良缘主义的核心也是有一定的不可预测的偶然性在其中。只有明确了给定的主体性内核和环境，才可能回答会产生什么样的智能这一问题。数学家和程序员给的内核也是完全不同的，那么也说明了没有通用公式（general formula）或者通用人工智能（artificial general intelligence，AGI）能够解决所有问题，能够通过什么样的内核和环境组合成什么样的 AI 也是不可预知的，需要通过各种尝试与努力才能知道。人类认知即便已经经过千万年的进化,至今也仍然是有限的,但我们还可以发现新的认知坎陷,产生新的智慧、艺术、伦理、道德等。

让·皮亚杰(Jean Piaget)提出的图式(schema)与认知坎陷存在微妙而深刻的区别。我们曾经也考虑过用图式来指代认知坎陷,但实际上二者还是有差别,因此我们最终采用的是认知坎陷。对于皮亚杰讲的内因(遗传因素)与外因(环境因素)的相互作用,我们非常赞同。他谈到儿童是通过动作与外界交互,比如图式一开始是很简单粗糙的,像草木扎的小棚子一样,随着新的知识增加,就会实现重构、重新平衡,这些听起来很有道理。但是,假如我们继续追问,最原初的图式是什么? 从何而来? 皮亚杰没有给出令人信服的答案。

在认知坎陷理论和触觉大脑假说中,我们的回答就是对于"我"的意识,甚至可以追溯到单细胞的细胞膜,用来区分出"我"和外界。皮亚杰认为动作重要,我们则更强调触觉的重要性,这是一大差别。当然动作也可以看作是在触摸这个世界,也可以与触觉有关系,而我们直接锚定触觉,点明是触觉决定了自我的建构。自我是意识的起点,因此意识与智能和触觉密切相关,这些内容是皮亚杰没有言明的。

再有就是认知坎陷与具身哲学的差别。具身哲学是讲身体与意识结构的关系,但我们强调的是更原始、更重要的触觉,尤其是在意识形成的早期,触觉占据重要地位,而且触觉与大脑发育紧密相关。

在大脑快速发育的阶段,如果触觉敏感,那么主体会发展出更强的自我意识,智能也更高,这是具身哲学无法得出的结论。

很多特点要对比之后才更容易分辨,如果只是粗粗一看而没有深入思考,或者对理论创新缺乏信心,可能就会觉得不过如此,认为西方传统的才是金科玉律,我们的理论好像似曾相识。大家都研究意识、智能,每个人都有意识与智能,因此觉得看似熟悉也能理解,但是深入对比之后就会发现,能够达到自洽圆融、经得起追问,还能相互印证的理论,还是非常困难的,而我们的理论体系做到了,并且能够指导机器建构意识,比有意识的图灵机会更进一步。

弗里斯顿等学者总结了两条通向主动推理(active inference)[54]的路径,一条是以自由能量原理为起点的路径,另一条是以贝叶斯理论为起点的路径。

自由能量原理路径中的关键组成部分"马尔科夫毯",缺少主动认知功能,而认知膜的认知功能是非常主动的,这一功能的一个重要之处就在于可以屏蔽很多当下的东西,超脱当前时空的限制,让主体更多地考虑长远有利的优化,上述两条路径没有完全表现出对长时间尺度的偏好。

贝叶斯路径的逻辑性很强。实际上认知坎陷理论也是很物理的,一方面是因为人类本身可以看作是一个物理系统,生存在物理世界之中,只是我们拥有认知膜,它会屏蔽掉一些内容,在一定程度上调控时空,优化我们的生存发展,这点是很重要的,也是跟上述两条路径的一大差别所在。

如果我们把调控时空的认知膜摆放在中间,那么它的一端是物理的,另一端是主观的。"自我"这一点的重要性并没有展现出来。根据触觉大脑假说和认知坎陷理论,生命最早期的单细胞就能区分内部和外部,从这种简单区分一直延伸到我们大脑,就生成了两个系统,一个就是直觉的、从自我的愿望出发的系统1,另一个是尽量讲道理、理性的系统2。

生命从最早开始就试图脱离当下的时空约束,发展到人类这里,也还是有以下这两个特征的:一个是必须满足时空的要求,否则生命无法存续;另一个又是希望跳脱出去,不要受到太多约束。未来到了元宇宙中,依然会是两者之间的"探戈舞"。就像数学中的几何和代数,两者共同影响,从而导致新的内容生发出来。

我们用"对时空的非线性编辑"的概念来描述这个脱域的过程。认知膜是起隔开作用的边界,它的一边是自我,另一边是物理世界,边界这里也是一个来回折腾的过程,让自我可以离物理世界更远,脱域程度更高。这个过程也是产生新的认知坎陷的过程。自我包含的认知坎陷又要让这些新的认知坎陷变得符合逻辑,从而跟那个物理世界有对应关系,那么就要整理,在整理中也可能出现新的认知坎陷。

CHAPTER

第 6 章

情感与优化

　　情感的起源问题一直是心灵哲学所关注的核心问题之一，也是进行机器情感与人工智能研究所要解决的问题。17 世纪以来，多位重要的哲学家、理论家发表了相关理论，我们通过对系列理论的回顾，能够看到用于研究这一问题的认识论与方法论越来越脱离形而上学，而逐步向认知神经科学的前沿进展靠拢。

　　笛卡尔认为情感是一种与心灵相联系的知觉，认为情感为心灵意志所完全控制和指挥，对情感进行了初步的分类，并且提出了克制控制情感的几种方法。霍布斯（Hobbes）将情感内部起点的想象归集为"努力"，由努力形成冲动和憎避两个概念，再由此衍生出其他情感。[55]斯宾诺莎受两者启发，认为情感的基础在于"努力"，而情感的起源在于心灵对身体努力的意识（即"欲望"），将快乐、痛苦和欲望划定为基本情感。[56]杜威（Dewey）认为，冲动（impulse）是情绪，能让我们从一个新的起点重新开始。[57]19 世纪德国生理学家兼物理学家赫尔曼·冯·亥姆霍兹进行研究并表示"大脑以概率的方式来计算和感知世界，并根据感官的输入情况，不断地做出预测和调整信念"。根据时下最流行的贝叶斯算法，大脑可看作是一种旨在最大限度地减少"预测误差"的"推理引擎"。卡尔·弗里斯顿提出了"自由能量原理"，其中描述的大脑运行理念很像贝叶斯概率机，也就是亥姆霍兹说的"推理引擎"。

　　不论是将情感的起点描述为"努力"还是"欲望"或"冲动"，我们依然要回答情感的起源问题。本章将从情感是特殊的认知坎陷的角度进行思考与梳理，探究情感的起源。

6.1　系统 1、系统 2 与脱域

根据触觉大脑假说和认知坎陷理论,生命最早期的单细胞便能区分内部和外部的不同。这种区分能力从原意识一直发展成为复杂的意识世界,并成为我们大脑里的两个系统,一个是直觉的、从自我的愿望出发的系统 1,另一个是尽量讲道理、理性的系统 2。

单细胞生命体可以看作是最简单的一类生命体。细胞膜是该类生命体中不可或缺的结构,它将细胞包裹起来,能区分出内外,放行营养物质,挡住有害物质,这其实是最初级的"认知"能力与"意识"体现。细胞膜还可在细胞内外维持一定的渗透压,为细胞正常的生命活动提供相对稳定的内部环境,当这个渗透压的值增大到膜的结构难以承受之时,细胞便会破裂死亡,这种在一定范围内的渗透压可以看作是最初级的"情感"体现。

细胞膜与前文提及的认知膜都体现了生命试图脱离当下的时空约束,但实际上生命不能违背当下时空基本的物理要求,这种看似矛盾的要求如何才能实现呢? 由于某些场景可能重现,或者环境也可能出现周期性或者准周期性的变化,因此生命体在下一个周期里可能会处于一个领先的地位。这时主体性的优势就显现出来了,主体会对时空进行重新编辑。除了时间上的周期性,还有空间上的周期性。比如主体通过上一条河的经验,可以用在通过下一条河的场景

里。因此,生命能从当下的时空中跳脱出来,即脱域,我们也称为"对时空的非线性编辑"。

早期生命的细胞膜就可以看作是认知膜,两者作为最早的"自我"的边界是统一的,在这一阶段认知膜可以被认为是物质性的,而到了人类层面的认知膜则是主体建构的、心理性的。认知膜的边界并不是静止的,而是会移动变化的,它可以"至大无外,至小无内"。认知膜本身可以有内容,其内容就是关于我们视角的转换,或者"自我"如何附着。当我们强调对核心建构的保护时,我们就可以把认知膜给独立出来,它要保护的是处在外界环境中的"自我"。

认知膜一部分属于系统 1,一部分属于系统 2,可以起到调节矛盾需求的作用。情感可以看作是认知膜的组成部分,而且是靠近系统 1 的部分,它保护的是"自我"的核心架构,以保护"自我"来应对预期(预期也在"自我"的架构里)与外界实际发生的差异与变化。

6.2　情感的产生

认知坎陷是指对于认知主体具有一致性,在认知主体之间可用来交流、可能达成共识的一个结构体。情感可以在同一主体上重复出现,在不同主体间具有可迁移性,是一类特殊的认知坎陷。它的特殊性在于它是系统 1 的重要组成部分,而且能引起身体内部变量或结构的变化,比如兴奋会让人分泌多巴胺,愤怒会让人血压突然升高。埃克曼（Ekman）将情感划分为六种基本类型，分别是幸福、悲伤、厌恶、恐惧、惊奇和愤怒。[58]情感的产生与意识、自我意识的产生纠缠在一起，在生命初期主要通过触觉、味觉进行感知。我们也经常用触觉、味觉的感受来描述情感，比如生活的苦与甜。

至此，我们就可以借用杜威的术语构建一个情感模型。在这个模型中，冲动相当于是"自我"里最主动的、最核心的内容，然后外层是情感、认知膜，然后再外一层是更贴近外界的常轨（我们理解的外界，或者说是我们已经习惯的外界，所以叫常轨，它不一定是完全客观的物理外界）。当主体认知膜中建构的内容已经广为人知，这些内容就会逐渐转到常轨之中，比如常识或者与宗教信仰相关的建构等。由很多节点（认知坎陷）构成外层的常轨，这些常轨是主体在清醒或下意识状态下能够接触的认知坎陷的集合。在具体场景下，会由哪些节点参与作用是很复杂的，这些常轨上的节点决定了主体与外界（通过认知坎陷）交互时是否会产生情感，以及产生何种情感（例如惊奇）。

主体对当前外部环境的认知与主体现有的认知坎陷并不总能对应上，这就使得主体不能总是自如应对，有可能是因为主体对外界的认知无法对应到常轨的节点上，也可能是反过来的情况，这种差异就会导致情感的产生。如果两者之间是完全一致的对应，主体就不容易产生情感，比如我们很难因为答对了"一加一等于几？"这一问题而感到兴奋或惊讶。当主体的预期与其当前感知到的外部环境的反馈不一致或者主体无法处理应对外部环境时,主体就容易产生情感:假如得到的反馈结果超过我们的预期,我们更容易产生积极情感,比如随手买的盲盒,打开发现是隐藏限量款;假如得到的反馈没有达到预期,我们就更容易产生消极情感。

　　这也意味着情感的起源来自意识。意识并不是认知坎陷的简单集合,而是有主体参与其中的一个动态模型。因此,我们将情感的产生描述为主体"自我"的期望(或应对能力)与实际感知之间的差异及其差异的变化。情感起源于这种差异,并且也会通过新的介质(比如压力感觉系统)表达出来,而这种差异的变化本身也会产生新的情感或情绪,比如差异变小会让人感觉轻松、愉悦,而差异变大则会让人感觉痛苦、紧张。

　　冲动从何而来? 冲动很可能并不是本身嵌套好的或者能通过程序事先定义好的,而是主体在具体的场景下被激发出来的内容。冲动可以说是部分来自外界,但即使给定相同的外界环境,不同的主体涌现出的内容也不会一样,因此它是由主体与外界作为一个整体产生的。冲动可以看作是主体受到刺激后产生的,会影响"自我"的附着,比如使"自我"附着到身体的某些部位,这个过程可以有很强的随机性。当我们受到了强刺激,比如手不小心被锤子砸了一下,那么这就是对"自我"的一个非常强烈的刺激,这一意外的状况是超乎"自我"预期的,因此手上突然的疼痛带来的强大冲击就会迅速给我们带来痛苦。除了身体上的冲击,精神上的冲击(比如羞辱)也会带来痛苦。

冲动和常轨之间的差异会导致不同的张力,这些不同的张力也就表现为不同形式的情感。两者变得越来越一致会让主体产生积极情感,反之则产生消极情感(迷惘、愤怒等)。智能则是试图连接两者,可以是通过提出一种让两者靠近的解释,也可以是通过一种拉近两者距离的实践。生命一旦出现,就会有"冲动"。生命体具有一致行动能力,生命体的冲动也会对宇宙产生非局域性的影响。

没有"冲动",就没有"情感",也就不需要"智能"。冲动的本质应该还是含有偶然性、随机性的,主体在(自我肯定需求的作用下)评估几种选项的时候,有可能分不清楚哪种更好,于是随机选择了其中一种。意识就包含了冲动和常轨,这两者之间的差异(differentiation或 alienation)以及这些差异的变化就表现为不同的情感。智能可以被定义为发现、加工和运用认知坎陷的能力,智能的作用就是在主体意识到冲动和常轨的不一致时,通过"编故事"来解释其中的差异,或者是改变冲动来接近常轨,或者是改变常轨来接近"我",又或者是同时改变二者以使二者保持一致。

认知坎陷定律认为两个认知坎陷相互作用会产生新的认知坎陷。[59]在"自我"内部,情感是跟"自我"的其他侧面相互作用的,也就是说主体的预期实际上是"自我"的一个附着,是主体选择的一个参照系和视角,所以很多场景是由于"自我"的视角改变,或者"自我"的附着物——主体的预期改变,因而从原来的情感或者情绪产生出新的情感或者情绪(即新的认知坎陷)。

比如"羡慕嫉妒恨"。羡慕当然是一种情感,含有主体对他者的理解在其中,这个理解本身就是主体"自我"附着在他者身上去感知的,然后再同自己比较来感知差异。当主体觉得他者的某方面比自己优秀得多,得到的回报也很丰富,主体就可能产生羡慕之情。假如主体自身的预期发生改变,认为他者的条件和自己差不多,但他者得到的回报却比自己好,主体可能就会产生嫉妒之情。假如主体自身的预期再次发生改变,"自我"附着的出发点变化了,认为他者很多方面都不如自己,但得到的回报比自己好得多,那么主体就可能产生恨意。

情感作为一类认知坎陷,也是分层级的。最基础的情感跟身体最紧密相关,基础情感的变体则更高一级,可能会产生组合,越高级的情感就越抽象,离身体就越远。到了比如说对好恶或者对善恶的判断,就达到理性的阶段,离身体相关的情感也就更远,而好恶、善恶也都是认知坎陷。

6.3 同理心从何而来

个体情感的产生和变化非常微妙而复杂。比如人有"自尊",有"羞恶之心",相比其他动物遵循本能而为,人很多时候会"有所不为"。再比如人的同理心或者共情能力常让人觉得神奇,我们可能会因为看到一张图片或者听到一段话就悲从中来,红了眼眶,又或者是突然紧张而导致肾上腺素升高。这种"人传人"的情感现象并不是到比较高级的生命阶段才突然涌现的。生物繁殖有基因的传递,让个体从头开始生长,而在原始生命早期,某些碎片就可能会传递一些信息,这种传递也让生命从一开始就具备了"共情""同理心"或者说是"他者视角""设身处地"的条件,这些特质是生命从演化历程中逐渐获得的。

约翰·瑟尔(John Searle)曾经提出"集体意向性是一种生物学上的原初现象",这里的集体意向性也可以看作是生命自初期就有一种利他的意向,这与我们的主张有共鸣之处。在生命诞生前的"原始汤"里,可以想象有很多细胞的构成成分存在,这些成分可能随机地组合成一致行动体并开始不停地尝试,当尝试失败后,就会留下一些碎片,这些碎片在后面的尝试中可能会被再次使用。在往复尝试的过程中,这些一致行动体通过碎片整合积累了前面的片段,即带有了其他一致行动体的信息、片段,从而形成"我"中有"他"的结构,因此能自然地将"我"带入到"他"的立场上。生命体形成之后,也会倾向于寻找与自己类似的生命体,因为有同类的地方意味着也适合自己的生存与发展。如今,许多单细胞和非细胞结构的生物仍保留着从环境中拾取基因片段的特性,哺乳动物大脑的演化也趋向于支持亲社会行为,人类与其他灵长类动物更是发育出较为发达的前额叶皮层,它在认知中起到核心作用,也是社会认知的重要中枢。[60] 因此,他者视角的形成或者说站在别人的立场上思考的视角的形成从生命一开始就具有基础。

在关于社会演化的传统研究中,利他行为的演化仍是未解之谜。[61]20 世纪 60 年代初,演化生物学家汉密尔顿(W. D. Hamilton)提出的广义适合度理论(inclusive fitness theory)[62]指出,如果参与社会互动的个体之间存在亲缘关系,利他行为就有可能演化而来。但这一理论也引起了诸多争议,比如它难以解释参与社会互动的个体在交换社会收益时发生的互惠利他主义(reciprocal altruism)[63]。

基于我们对共情和同理心起源的理解,我们知道生命从诞生初期就拥有社会性,而非一开始就是自私的生命个体,甚至可以说,正是因为前生命阶段并不是封闭和独立于他者的,而是具备同理心和他者视角的基础,生命才得以成形。虽然说要保持自己的个性,但是我们个人不是完全脱离其他人的个体,我们的生命依赖于其他生命才得以延续,生命个体是一种过渡状态,最终我们会走向生命之间交互程度、协作程度更高的状态。我们的利他本能是被自我肯定需求遮蔽掉了,显得我们似乎只有自保、利己,但实际上我们都有共情的本能、利他的本能。本质上,在进化过程中,它们就藏在了我们的基因里和认知坎陷里。这样一来,利他行为的问题也就自然消解。

对高级生命而言,尤其是对人类来说,同理心可以通过认知坎陷的迁移、"自我"的附着而产生。通感(synesthesia,在描述客观事物时,用形象的语言使感觉转移,听觉、视觉、嗅觉、味觉、触觉等不同感觉互相沟通、交错,彼此挪移转换)和移情(transference,在精神分析中,是指来访者将自己过去对生活中某些重要人物的情感过多地投射到分析者身上的过程)本质上都是通过认知坎陷的附着而产生的,即将"自我"的一部分附着到另一部分上,又或者将"自我"附着到另一个人身上。

除了"自我"这个基础的认知坎陷以外,还有一个认知坎陷也值得一提,那就是"无限"(无穷大)。无限既看不见也摸不着,但是只要我们稍作思考,就都会相信无限是可以存在的,比如"一尺之棰,日取其半,万世不竭",说的就是这个道理。这一认知坎陷的开显也证明了人类能够站在第三方的角度思考,创造出一些看似不存在的概念。人类普遍具有好奇心,就是因为我们能够把"自我"附着到别的主体之上,比如我们站在山的这边,心里想着山的那边是什么,当得知山的那边还是山,"自我"就自动移到了山的那一边,然后又会继续好奇山的那边是什么,如此往复下去,这也是人发现无限的方式之一。认知科学里的移情、同理心、羞恶之心都是根据这种"自我"的附着而开显出来的。

人类开显出的认知坎陷一开始几乎都非常模糊,只有在群体以及代际不断地迭代后才会更加明晰。每开显出一个新的认知坎陷,人就能迅速区分出哪些属于这个认知坎陷,哪些不属于这个认知坎陷,即有了对"同一性"的认识,它的对立面"差异性"就能变得更清晰,这就是同一性和差异性的反复迭代,认知坎陷(概念)的演化、认知进化也是如此发展而来。

同一性与差异性非常重要,这一迭代过程体现了"自我"能够自如地"附着"到各种坎陷之中,从而迅速做出同一性与差异性的判断。我们能够实现"自我"的附着,站在另外的角度思考问题,就是因为"我"的边界从一开始就不清晰,在进化过程中也不是确定的,也正是这种不清晰、不确定,才使得我们更容易将"我"附着到别的人、物上。边界随时都可能波动,向外至大无外,向内至小无内。人的神性体现在"我"既可以有明晰的边界(皮肤),又可以没有边界(附着到第三方上思考问题)。

6.4　情感的工程实现与机器的情感

情感与智能的关系可以通过主体的容忍能力得以反映。主体具备的认知膜的认知功能非常主动。主体需要通过认知膜屏蔽当下的部分信息,超脱当前时空的限制,更多地考虑长远有利的优化,也就是前文提到的"对时空的非线性编辑"。认知膜就是要"找理由",要建构。假如说我们的关注点在情感上,那么情感反映的就是我们的认知膜建构不足的那一部分,或者是"自我"边界在应对外界的冲击时做得还不够好的那一部分,抑或是认知膜不能把外界跟自我预期之间沟通好的那一部分。而能处理、能沟通的程度对应了智能的水平,即沟通得更好就说明我们的智能水平更高、更理性,可以把其中的差异及时修整好。主体如果能够忍受实际与预期的不同,且忍受能力足够强,便更容易进入更高境界,智能水平也更高,而完全不能忍受差异的主体则无法自如应对，只能与环境完全一致，随波逐流，体现出来的智能水平也较低。主体容忍能力越强，也能更加主动，即便在外界环境已经完全被主体掌握且不再改变的情况下，主体也能够产生新的内容。

羞恶之心对机器实现特别重要。不难观察到，最近对一些公共议题的讨论最终很容易变成两种极端观点旗鼓相当地相互辩驳，每一方只听自己想听的内容，只讲自己相信的论据，毫不顾及另外的可能，即使所听所讲后来被证明不成立，也毫无反思之意或羞恶之心。到 AI 实现层面，这种状况可能变得更糟。强调个人隐私从很大程度上讲，就是因为人有羞恶之心，很多想法不能表达出来，只能压制于内心或潜意识里。但互联网的发展让个人隐藏于幕后，羞恶之心的压制变得薄弱。目前 AI 系统的自由表达更让我们震惊。具备羞恶之心应当是 AI 设计与实现的一个伦理规则。

当前人工智能要实现突破，可能需要在机器的情感领域更进一步。算法中的损失函数（loss function）或精确度（accuracy）都可以看作是情感的指标，强化学习中的奖励函数（reward function）也可以看作是情感的指标。弗里斯顿引入的"意外度"（surprise）实际上也是情感。布卢姆夫妇阐述的有意识的图灵机包含了情感的内容，但依然低估了主体性及其重要性。主体性在智能与意识形成的过程中是无法回避的，因为这个世界无穷复杂，主体必须有取舍，对整体有把握。意识是先于智能的。

有意识的图灵机更像是将意识相关的模块拼接在一起,而我们改进后的机制会更加简洁,尤其是情感与其他类型的意识会呈现出更简洁、更有机的关系。机器可以用不同的损失函数作为不同的情感指标,类似于人类主体的容忍能力,拥有更高智能水平的机器可能会忍受当前某个大的损失值,而后才可能进入新空间找到更优的极小值。

边界是"自我"产生的地方,也是情感产生的地方,但我们不是用涌现来描述情感的产生,这更多的是一个优化过程,而不是自由能量涌现的过程。优化就是把不好的情感降低,在这个过程中又可能叠加新的情感进去。我们强调的是更长期的、更长时间尺度的、更广范围的甚至全局的优化,而不是短期的、局部的、当下的优化。长期的、大范围的、全局的优化跟短期的、小范围的、当下的优化之间可能有冲突,其中涉及取舍和决策,优化过程会很复杂,不是一个简单的博弈的过程。

强化学习就是把最终结果拿到当前来做优化,实际上也是时空的非线性编辑。比如下棋,我们不是看这几步当前是不是占了上风,而是放在全局里来评价这几步,即从最终获胜的这个意义上来评价。这意味着现在的深度学习已经将这种超越时空的、全局的理念引进来了,是在这个全局的意义上进行回报。在 Transformer 里注意力等机制实际上也是把空间的全局性引进来了,不完全是最邻近两个词语之间的关系,而是一个全局的关系,是在这个意义上来进行优化。

有意识的 AI 是由一群智能体组成的小社会[64]，智能体社会将呈现多样性（diversity）的特点，同时也具备社会性、群体性的特征[65]。

主体具有主动性，即便在外界环境已经完全被主体掌握且不会改变的情况下，主体也能够产生新的内容。因此心智模型需要足够复杂，我们主张用多智能体结构对心智进行模拟实现。机器要实现意识持续进化就需要多智能体机制，原因有如下几点：其一，有一些智能体很可能因为太多歧途而陷入暗无限，如果智能体不足够，就会影响整个机制运行；其二，智能体之间可以相互学习，吸取教训，这样就能加快体系的进化速度；其三，多智能体因为有共同的内核和相似的训练环境，从而可能实现外推，学会站在不同立场上思考，因此更有可能获得成功。所以我们如此强调多智能体的重要性，背后的根本原因是生命视角不可能用全能视角去看待所有的现实与可能性，只有通过多智能体不断地尝试和学习才行得通。

回到我们前文提到的大脑中的两个系统，也就是直觉系统 1 和理性系统 2。冲动、情感属于系统 1 的内容，隧通和认知膜的主要内容则属于系统 2。在新的多智能体体系中，只有在系统 1 的基础上，系统 2 的建构才能更有效。系统 1、系统 2 和身体都受微观的影响，从细节处与物理世界对接，满足物理规律。系统 1 形成的抽象的"我"的世界试图统摄所有，其中存在的张力、冲突很大程度上可以用情感来测量。要缓解张力就需要建立系统 2,也就是一种智能的构造。系统 2 能进行意识状态相连的隧通,也能使身体结构、物质结构发生改变。

主体的期望(或应对能力)与实际感知之间的差异及其差异的变化会导致情感的产生,而情感的产生又与其他类型的意识、自我意识的产生纠缠在一起,在生命初期主要通过触觉、味觉进行感知。前生命阶段的往复过程让生命体具备"同理心""设身处地"等基础,生命在一开始就拥有社会性。随着"自我"的成长,对人类而言,同理心及其类似的情感能够随着认知坎陷的可迁移性、"自我"的附着与隧通来开显。人工智能是人类创造的产物,它已经接收了人类的部分认知坎陷,并且已经通过损失函数、精确度、奖赏等机制模拟出了部分情感。正是由于情感的复杂性,所以笔者主张采用多智能体机制来实现机器更为丰富的情感模型。不同的智能体有对应的认知坎陷感知领域,彼此通过附着与隧通来对不同情感进行更精准的分类与评估。让机器具备"羞恶之心",也将利于实现更负责任的机器。附着与隧通不是局限在此时此地此景,还可以超乎此时此刻此景,是人类对时空非线性编辑能力的发挥。

弗里斯顿认为自由能量即个体所期望进入的状态和个体感官感受的状态之间的差异,自由能量就是生命及其智能的组织原理。在他看来,生命的目标是自由能量最小化,换言之,最大限度地减少自由能量,就是在降低意外度。大脑从数十亿身体感受器里汲取信息,

并十分高效地将这些信息组装成一个准确的外部世界模型。在预测
一轮又一轮的感官信息时,大脑根据感官的回传信息不断做出推断,
更新信念,并试图最小化预测误差信号。弗里斯顿认为贝叶斯模型
就是自由能量原理的基础,但贝叶斯模型的局限性在于它只能解释
信念与知觉之间的相互作用,并不指导身体外形或肢体动作。因此,
弗里斯顿使用了"主动推理"一词来描述世界上的有机体最大限度地
降低意外度的方式。当大脑做出的预测尚未被感官回传的信息即刻
证实时,大脑可能通过以下两种方式来最小化自由能量:修改预测,
接受意外度、并更新外部世界模型;主动使预测成真。在触觉大脑假
说和认知坎陷理论中,原意识来源于细胞膜或认知膜对世界的二分,
也就是说功能性的边界(细胞膜、认知膜)非常重要。弗里斯顿曾引
进马尔科夫毯的概念,但这个概念的根本含义是两个部分之间的统
计独立性[66]。

CHAPTER

第 7 章

通用人工智能

7.1　行为主义、联接主义和符号主义的贯通

麻省理工学院物理系终身教授、未来生命研究所(Future of Life Institute)创始人迈克斯·泰格马克(Max Tegmark)曾结合他的自身经历讨论过意识问题:"如果你向人工智能研究者、神经科学家或心理学家提到这个以 C 打头的单词(consciousness,意识),他们可能会翻白眼。如果他们碰巧是你的导师,那他们可能还会对你表示同情,并劝你别把时间浪费在这个他们认为毫无希望的非科学问题上。"尽管如此,很多拥有复合科学背景的学者(包括泰格马克)并没有轻易放弃对这一重要问题的研究。对于意识模型的研究,目前有两大主流理论,即全局工作空间理论(global workspace theory, GWT)[67]和信息整合理论。

全局工作空间理论是美国心理学家伯纳德·J. 巴尔斯(Bernard J. Baars)提出的意识模型。该理论认为,当我们在大脑的"全局工作空间"存有一段信息,而且这段信息可以被传播到负责特定任务的模块时,有意识的行为就会产生。全局工作空间就像是信息的瓶颈,只有当上一个有意识的念头消失,下一个念头才能取而代之,该研究团队认为脑成像研究显示的"意识瓶颈"是一个分布式神经网络,位于大脑前额叶皮层。全局工作空间理论主张意识是由工作空间产生的,任何能够把信息散布到其他处理中心的信息

处理系统都应该具有意识特征。西雅图艾伦脑科学研究所所长兼首席科学家克里斯托弗·科赫（Christof Koch）说："一旦你有了信息，而且这一信息可以被广泛获取，意识就在此中产生了。"也就是说，意识是一种促发和指导行动的计算。

　　威斯康星麦迪逊分校的神经科学家朱利奥·托诺尼创立了一种与全局工作空间理论相竞争的意识理论，即信息整合理论。信息整合理论主张，意识不是当输入转换成输出时产生的东西，而是某种具有特殊结构的认知网络的固有性质。如果说全局工作空间理论的起点是这样一个问题：大脑需要做什么才能产生意识体验？那么信息整合理论则反其道而行，从体验本身入手。托诺尼说，"有体验（experience）就有意识。"托诺尼和科赫声称他们已经基于这些公理推导出一个物理系统必须具有哪些属性，才可能拥有一定程度的意识。信息整合理论的特征之一是认为意识有程度（degree）之分。任何具有必要网络结构的系统都可能拥有一些意识。"无论是有机体还是人造物，无论是来自远古的动物王国还是现代的硅基世界，无论它是用腿走路、用翅膀飞翔还是靠轮子滚动……只要它兼具差异化和整合性的信息状态，这个系统都有所感受。"信息整合理论用希腊字母 Φ 来表示系统不同部分之间彼此"了解"的程度。

　　最近，布卢姆夫妇在全局工作空间理论的基础上提出了有意识的图灵机或有意识的 AI，在这个七元组模型中，布卢姆夫妇对全局工作空间理论模型中的"意识"进行了重新定义,进而构建了一个从意识到无意识的树型结构。有意识的图灵机或有意识的 AI 模型中没有一个统一的中央处理器,取而代之的是一个从意识到无意识的二进制树型结构:根节点上是短期记忆的意识处理器,子节点上是大量长期记忆的潜意识的处理器,这些处理器行使中央处理器的功能,不同的处理器有不同的信息传递路径,而作为一种信息的传播方式,它们会通过最短的方式做出最快速的信息传递。

中文的"理解"可以有两种英文翻译,一种是"comprehending",另一种是"understanding"。"comprehending"的前缀"com-"就带有范围广阔的含义,可以看作是将更多的内容包含进来的意思。"understanding"的词源比较有争议性,有人认为"under-"实际上是"inter-",也有人从"undertake"的角度来解释,我们则认为"understanding"的重点可以看作是"站在更底层"的角度看。在做研究时,如果能够从更底层出发,贯通各理论观点,就可以看作是"understanding"。

换一种角度看"理解","comprehending"的特点是由约而博,需要吸收大量的、丰富的内容,而"understanding"是消化吸收了这些内容之后由博到约,比如学习电磁学到最后只剩下麦克斯韦方程组、爱因斯坦对大统一理论的追求,等等。

表 7-1 中梳理了 AI 三大流派(即行为主义、联结主义和符号主义)的特点与各自对应的哲学思想。

表 7-1　AI 理论的会通

AI 流派	由约而博	由博而约	对应哲学
行为主义	学（imitating）	习（practicing）	具身哲学 控制论 机器人学
联结主义	学（learning） 延伸（extending） 理解（comprehending）	思（thinking） 坎陷化（routinizing） 理解（understanding）	心学 现象学 唯心主义
符号主义	演绎（deducing）	归纳（inducing）	柏拉图主义 逻辑学 数学

　　AI 三大流派可谓耳熟能详,但这三者的关系目前还没有被整理得很清晰。第一类是行为主义。麻省理工学院的布鲁克(Brook)教授可以看作是行为主义者,他的研究生涯几乎就在研究 AI 行为主义,他还做出来一个模拟螳螂的机器。简单地理解 AI 行为主义,就是机器按照外界的刺激来反应。行为主义大多认为意识不仅是大脑的事,而且还是整个身体的事情,其背后反映的是具身哲学的思想。

　　第二类是符号主义。数学、物理世界充满了各种逻辑符号,图灵机本身也可以看作是符号主义的尝试。司马贺(Herbert A. Simon)是图灵奖和诺贝尔经济学奖得主,也是符号主义的代表,他提出的

"物理符号系统"假设从信息加工的角度研究人类思维。[68]但符号主义也未能取得成功,因为规则永远无法被定义完全或囊括穷尽,不管划定了多么大的范围,也一定会有遗漏在框架之外的东西。符号主义背后的哲学思想与柏拉图主义相通,都相信或立足于"本质"的存在,如果能够发现并定义本质,或者把这个本质的公式写清楚,那么其他所有内容都是这个本质公式的展开和演绎而已(比如公理系统)。

第三类是联结主义。研究者们很早就发现神经元之间有很多连接,信息传递的同时还有放电现象,而联结主义最初就是试图模拟大脑而来。深度学习、强化学习都可以看作是联结主义的应用。很多研究者(包括清华大学人工智能研究院院长张钹)希望找到新的框架,甚至通用人工智能的框架,他们认为深度学习、强化学习不足够模拟人脑的学习。

行为主义与联结主义的关系是什么? 行为主义可以通过动物行为来理解。动物、简单生命甚至单细胞生物,都能应对外界的刺激,行为主义更多的是模拟这种动作上的反应或反射。比如羽毛球运动员,在平时他们需要经过大量的训练,让身体形成记忆式的反应,在赛场上,他们的主要注意力就不再是如何协调肌肉,而是对球的跟踪、与对手的博弈。行为主义与这些身体动作的相关度更大,主体需要做的是进行让大脑控制协调身体的练习。这种练习需要练到位,这个练到位的过程也体现了"由博到约",即将大量复杂的刺激最后练成几套有代表性的反应模式。儿童心智发展早期就是行为主义的内容比较多。随着个体成长,大脑不断发育发展,联结主义的内容才逐渐增多。

联结主义与符号主义也有关系,符号主义可以看作是把内容坎陷化或炼化到了很简洁的程度,从而形成了各种符号或模型。比如古人讲的"天圆地方"就是一种极简的世界模型:天是圆的,地是方的,这是一种很抽象的描述。现代的马路大多笔直,但古人看到的未经加工的外部环境是绵延起伏的,在这种条件下抽象出"地是方的"非常难得。有了这个模型之后,我们对道路的修葺会更加有规划,行军打仗也不容易迷失方向,也就是说,懂得这个模型和不懂这个模型会产生实际的差异。"阴阳"这个模型的可解释性也很强,直到今天还有人用"阴阳"来解释世界上发生的事情,这就是炼化之后的极简模型可能产生的深远影响。逻辑学中的形式逻辑,数学中的欧几里得定理等公理,也属于极简的模型。这些模型会让我们觉得世界很神奇,似乎物理世界真的只按照公式发展,然而事实并非总是如此。我们面临的外部世界比所有的公式都更复杂,公式系统并不完整。1900 年,希尔伯特(Hilbert)提出的二十三问之一就是如何用一套公理系统来统一数学,其沿用了莱布尼茨的思路,即如何找出一套符号系统来模拟整个世界。[69]很多学者,尤其是符号主义者,一直怀有这种梦想。比如爱因斯坦就想要找到一种统一的方程,但是这个梦想终究无法实现。

哥德尔不完全性定理(Goedel's incompleteness theorem)指出,

不论给出什么公理系统,我们总是能找到一个命题,这个命题在这个公理系统中既不能被证实也不能被证伪,即永远都会有公理以外的东西。换一种方式理解,就是不管列出多少条规则,总有内容不能被囊括其中。有一个经典的例子就是芝诺悖论(或阿基里斯悖论):阿基里斯是古希腊一个跑步速度很快的人,这里的悖论就在于阿基里斯永远追不上乌龟。这个结论看起来十分荒谬,因为从常识来看,他肯定几步就能追上乌龟,但论证者在逻辑上是这样解释的:比如用数字来形容,如果阿基里斯的速度是乌龟的 10 倍,而他离乌龟有 100 米;假如阿基里斯跑 100 米,那个乌龟也已经朝前爬了 10 米,乌龟还是在他前面;阿基里斯再走 10 米,乌龟又走了 1 米,他还是在乌龟后面,阿基里斯继续朝前走 1 米,那个乌龟又走了 0.1 米……论证过程本身没有错误,问题在于其论证用的描述系统具有边界。也即这类论证者在自己限制的范围内是没错的,但这个封闭系统的时间并不开放,所以阿基里斯永远跨不过系统的时间边界,在空间上也就永远追不上乌龟。

　　这个悖论正好说明假设本身可能有局限性,那么假定的世界就并非真实世界。符号主义很可能也面临类似的问题,即不管制定多少严谨的规则,总会有一件事是真实会发生但却不被规则包含的。因此符号主义会失败就不难理解,因为它无法涵盖所有可能。联结主义则是不停迭代,它由博到约、由约到博不断往复,总能"折腾"到一个比较好的状态,只是现在的深度学习还没达到这种状态,依然有进步空间。深度学习存在一个所谓的"极小问题"的瓶颈。人类大脑有一个信息精炼的过程,有利于帮助我们跳出"极小"等这些机器在深度学习里会遇到的问题。

符号主义是理想化的,它希望我们能够猜出来理念世界最本底的规则,然后以此来构建世界的所有规律。但就像我们已经讨论过的,没有一套完美规则能涵盖所有。现在用的计算机是图灵机,也是符号主义的代表,需要遵循规则。但为什么它又能产生新的东西?我们认为原因在于图灵机并不是封闭的。图灵曾经也提出了带有预言机(oracle)的图灵机的设想,停机问题在图灵机里没法解决,但假如有预言机可能就能够解决停机问题了。[70] 现在深度学习的这些数据可以看作是一个预言机,这听起来存在悖论:我们用的是图灵机,而图灵机是有规则的。但问题是图灵机和外界的交互不是不变的,假如说数据集完全确定不再更新,那这个图灵机就不会产生新的东西,但我们面临的世界一定有新东西不断输入,所以一定不是绝对意义上的图灵机。[71]

我们不知道深度学习为何效果好,即深度学习对我们来说依然是不能解释的黑箱。其原因在于深度学习抓取的特征和人抓取的特征没有太大关系。我们可能会根据某人的外貌给他起外号,其他人能理解这个外号就在于其抓住了这个人的突出特征。但机器抓取的特征更像是眉毛胡子一把抓,因而人类并不能理解机器给出的成万上亿的特征。

我们正在尝试在深度学习上使用原来的框架,抓取人类能理解的特征。原本的深度学习过程不是很清晰,现在我们要做的就是把这个过程做得更清晰。一方面是将模型大小尽可能地压缩,另一方面是在图片识别上尽可能地放开,从而多纳入一些特征。我们希望看到这样训练过的网络模型能更像人一样,把耳朵、眼睛、鼻子、嘴、下巴等这些人类可以理解的特征抽象出来,而不是像原来那样提取出上亿个参数。如果这样发展下去,人跟机器在未来应该是能互相理解的,而这个思路背后的指导概念就是认知坎陷。

当我们在白天走进一间教室,我们可能不会意识到电灯的存在或窗帘的款式,而会最先关注到坐在里面的人或者是演示文稿(PPT)上放映的内容。人们观察和理解这个世界的过程往往类似,即总是注意到部分重点,而不是每个细节。而机器是按照像素来辨别环境,比如在教室里放置一个摄像头,它就会将视野内的所有内容以像素为单位存储。能够被人们所关注到的内容就是认知坎陷。教室里的人、桌子、灯或者是某种很突出的颜色、花纹,等等,这些都是认知坎陷。这个世界太复杂,人类个体不可能弄清楚所有细节,但是有很多能力是个体在出生后很快就能习得的,这些能力是在大脑快速发育的时期、可能连我们自己都意识不到的情况下就已经习得的。比如对于机器而言非常困难的一件事就是,当一只猫走进来,人和机器都能看出来这是一只猫,然后猫走到椅子后面只露出尾巴,人很容易知道那还是那只猫,但想要机器产生这种看似轻松的"直觉"却相当难。其中的区别就在于人类通过认知坎陷来识别环境,把猫看作是一个整体,而不是细节的组合,因此虽然猫在走动甚至将其身体的一大部分藏起来,从画面的像素上来讲发生了很大的变化,但是在人类的意识里它还是一只猫,而机器现在还做不到。我们现在尝试在联结主义的基础上为机器输入意识片段,让它像人一样学习,那么就有可能让它捕捉让人类更容易理解的特征。

现在基于符号主义的深度学习还有一个难题是,有些图片本来很容易识别,比如交通停车标志,但如果改掉其中几个像素,机器可能就不认识了。机器最容易陷入死循环的一种情况是,如果图片中的人在身上有一个二维码,那么机器会先去识别容易识别的二维码,假如这个二维码又指向这张人的图片,此时机器就很容易陷入死循环。

7.2 奖赏就能通往通用人工智能吗?

AI 于 1956 年被首次提出。至今,已经出现了许多表现力超强的 AI 系统。深度学习框架的出现与发展,使得 AI 的能力得到了大幅提升。例如,面部识别技术已经广泛应用于个人支付,DeepFake 等系统创造了一批批以假乱真的图片与视频。AI 在文学创作、电子竞技等开放领域也有出色表现,例如在 2020 年世界人工智能大会开幕式上,百度小度、小米小爱、哔哩哔哩泠鸢、微软小冰四位虚拟歌手领唱了大会主题曲《智联家园》,意味着 AI 可能马上就能创作出被人们欣赏、广泛流行的音乐作品。

　　AI 已经在很多专业领域逐项超越人类。比如,战胜了人类冠军棋手而名声大噪的 AlphaGo 已经发展到第四代 MuZero,它不仅表现力超越了前面三代,而且能在未知任何人类知识以及规则的情况下,通过分析环境和未知条件来进行不同游戏的博弈。蛋白质的折叠空间预测是一个很难的科研问题,在近两届蛋白质结构预测的关键评估(The Critical Assessment of protein Structure Prediction, CASP)大赛上大获成功的 AlphaFold 和进化版本的 AlphaFold2[72]在此问题上已经体现出了超高水平。按照给定的评分标准,最优秀的人类专家团队只能得到 30 多分,AlphaFold2 却可以达到 90 分,接近直接应用的水准。

　　即使如此,通用的超级人工智能何时到来还不可预知。约翰·麦卡锡(John McCarthy)①提出,要在理论上突破可能还需要 5 到 500 年的时间,也就是说既有可能很快就实现,也有可能要很久才会发生。作为 AlphaGo 系列和 AlphaFold 系列的创造者,DeepMind 公司认为自己研发的就是通用人工智能,图灵奖得主杰弗里·辛顿(Geoffrey Hinton)[73]也倾向于将自己的研究归属于通用人工智能。而深度学习系统普遍存在的不可解释性、可迁移性较差和鲁棒性较弱的问题,则一直是 AI 研究与开发的重点之一。

---

　　①　在 1977 年的一次会议上,约翰·麦卡锡指出,创建这样一台机器需要"概念上的突破",因为"你想要的是 1.7 个爱因斯坦和 0.3 个曼哈顿计划,而你首要的是爱因斯坦",并指出"我相信这需要 5 到 500 年的时间"。

中国工程院院士、中国人工智能学会名誉理事长李德毅谈到了人工智能和脑科学的交叉研究,他指出,脑认知的三个内涵在于记忆认知、计算认知和交互认知。[74] 李院士认为,脑认知的核心是记忆认知,它是人类智能的显著表现。记忆不是简单的存储,还伴随有一定的取舍,取舍就是计算、简约和抽象的过程。计算认知中,计算机做算法做的很多,而人脑只有一个计算方法——相似计算。交互认知具有二重性,既有神经网络内部的交互,也有大脑通过感知系统与外部世界的交互。

中国科学院院士、清华大学人工智能研究院院长张钹给出了他关于人工智能发展的思考。[75] 他指出人工智能经历了两种发展范式,即符号主义和连接主义(或称亚符号主义),分别称之为第一代和第二代人工智能。目前,这两种范式的发展都遇到了瓶颈:符号主义影响的第一代 AI 具有一定程度的可解释性,能模仿理性智能,但不能随机应变,无法解决不确定问题;以深度学习为代表的第二代 AI 使用门槛较低,能够处理大数据,极大地推动了 AI 应用,但具有不可解释、易受攻击、不易推广和需要大量样本的局限性。今后发展的方向将是"第三代 AI",这是一条前人没有走过、需要大家去探索的道路,它将对科学研究、产业化和人才培养产生重大影响。

AI 的发展逐渐多元化,我们可以逐步从不同角度切入这个主题,比如相关因果、感知认知、符号主义、脑科学以及发展基础数学等。从认知科学的角度切入,就可能触及悬而未决的意识问题,这虽然一直是认知科学和 AI 交叉领域的研究热点,但却进展缓慢。

1988 年,科学家们首次发现了意识的实验证据(FMRI evidences),随后人们从不同领域(比如神经科学、哲学、计算机等)开展了对意识的研究。很多人认为机器没有意识,没有情感,没有思维,也不可能具备像人一样的高级智能,实际上并非如此。意识是一个从长期记忆力提取短期记忆内容的提取器(类似一个指针),因为人的长期记忆事实上处于无意识状态,数量十分庞大,而短期工作记忆是大家都可以意识到的,但通常可能只有几个字节。这个信息瓶颈可能就是需要意识来克服。意识需要根据当下的任务和情景,尽可能快地把最相关的因子提取出来。全局工作空间理论就是针对这个问题,可以迅速把长期记忆的关键因素抽取到工作内存里,方便执行当前任务,加强系统的灵活性。在全局工作空间理论的基础上,布卢姆夫妇进一步提出了有意识的图灵机。在这套理论中,虽然机器对情感的处理方式与人不一样,但仍然能够包含机器的"愉悦""痛苦"等因素,并假定机器已经能拥有这些情感。AlphaGo 等 AI 用到了强化学习机制,这种奖励回馈机制也已经与情感有关系。很多人认为机器不能拥有很强的自我意识,但是实际上机器可以学习、能与环境交互,已经有了微弱的"自我"存在。

7.3 注意力就能通往通用人工智能吗?

关于"基础模型"(foundation models,是指在大规模的广泛数据

上进行训练并且可以调整以适应广泛的下游任务的任何模型,例如
BERT[76]、GPT-3[77] 和 CLIP[78] 等)的研究报告[79]显示,从技术角度来看,
基础模型是基于深度神经网络和自监督学习技术的。这两种技术已
经存在了几十年,然而在过去的几年里,基础模型的规模和范围扩张
如此之快,以至于我们不断刷新对未来可能的期望值。例如,GPT-3
有 1750 亿个参数,可以通过自然语言提示进行调整,在许多任务中
完成一项可通过的工作。2021 年 6 月发布的"悟道 2.0"的参数量更
是达到了 1.75 万亿。自监督训练使得基础模型对显式注释的依赖
性下降,也带来了智能体基本认知能力(例如,常识推理)的提升,但
与此同时也导致了基础模型的"涌现"与"同质化"特性。所谓"涌
现",就意味着一个系统的行为是隐性推动的,而不是显式构建的;所
谓"同质化",即基础模型的能力是智能的中心与核心,模型的任何一
点改进会迅速覆盖整个社区,其隐患在于模型的缺陷也会被下游模
型所继承。尽管基础模型逐渐得到了广泛应用,但我们目前还不清
楚它们是如何工作的,何时会失败,以及它们的涌现特性将赋予它们
什么样的能力。

　　有学者认为,人类通过代际基因筛选的自然进化速度完全无法
跟上科技的进化速度。但我们认为,人性恰恰是人类政治在人工智
能时代继续存续的唯一途径。在自然人现有的心灵基础上改造和进
化起来的新智慧生命之间构建的政治秩序会不同于纯硅基强人工智
能的"单一"与"共存"两极,有可能形成一个多元智能生命体的"共

和"状态。[80]还有学者表示,在政治哲学的层面上,我们所需要聚焦与面对的是专用人工智能已经开启的"竞速统治"。人类作为行动元的介入能力正在被迅速边缘化,这意味着我们必须要以"加速主义"的方式重构政治共同体及其所需要的政治哲学。[81]

一方面,技术发展速度不断加快,AI 在不同专业领域中的应用效果也在被持续快速刷新。但作为 AI 技术的设计者,人类目前无法解答 AI 模型的不可解释性、可迁移性较差和鲁棒性较弱的问题。另一方面,我们必须对 AI 的发展有正确的预计,包括 AI 能否会以及何时将以主体的形式参与,人机能否融合,究竟是让人更像机器还是让机器更像人,我们应当鼓励发展何种 AI 以应对未来的社会治理问题,等等。

很多业内外人士寄希望于通用人工智能的突破。通用人工智能区别于专用人工智能而主要专注于研制像人一样思考、像人一样具有多种用途的机器。要想找到人类继续发挥超越性的优势,实现通用人工智能的突破,我们就必须从底层剖析人机认知的差异,正确审视生命主体与物理世界的关系,厘清意识与智能的关系,这样才有可能对这些问题做出回答。

我们的未来有几种:如果沿着本质主义的思路走,沿着强还原主义、强计算主义的思路走,人呈现出的意义是人性会被泯灭。而恰恰是在图灵机范式下,即便是人性面临着被泯灭的危险,人类却能回到纯理性或者是完美状态。这之中所谓的"完美"是什么? 实际上什么都没有才是最完美的,无生命的东西才是最天人合一的。从这个意义上讲,人或者生命,恰恰是要反抗秩序、试图建立新的秩序的。实际上,虚构未来的确是哲学、科学、艺术在做的同一件事情。而"虚构"就是认知坎陷。

很多人会很担心这种建构会是什么样子,会不会存在很多差别。的确如此,它有可能建构有神性的东西(我们肯定是希望朝神性发展),有可能是带有圣人性质的,也可能是上帝性质的,也可能是佛性的。这些是我们要担心的,但这是不是说要过 500 年之后才需要担心,现在没有必要担心呢? 不是这样的,我们倾向于认为,很多事情三五年之内就会呈现出来,这是会摆在我们面前的问题。有目共睹的是,AI 的进步非常之快。这种飞速进步所带来的建设性和破坏性都有可能是很大的,需要特别注意。

当然,这之中有学派之分。绝大多数人参与的是深度学习。其中,基础模型是一条路线;另外一条路线是更有成效的 DeepMind 公司的路线,包括从 AlphaGo、AlphaFold 到最近的天气预报模型。我们以为天气预报模型会和原来想象的那样,当计算机机器强大之后会回归还原主义,从第一性原理来计算。但实际上 DeepMind 公司的天气预报模型却不是回到那里。它不基于物理方程,虽然物理方程本身也近似,但它是回到数据本身,这个预报比方程预报好一些,计算量明显少很多。原来的思路就是我们尽量做好精确的物理方程,给定初始条件、边界条件,然后就解物理方程,由于随时有新的数据进来,来改变这些交互数据,因此我们就有可能做比较长一点时间的天气预报。但现在 DeepMind 公司不走这条路,而是只找那些特征以及特征之间的关系,这样也照样能做到每天进行预报,所以说我们不需要知道背后的物理公式,因为只用物理的方法可能还没有太多优势,要做非常多的计算,但好多计算是无用的、重复的,反而是抓这些特征之间的关系有效果。

人之所以看起来很神奇,原因就在于人着眼于抓这些主要的关系,而不是去算背后所有的细节。那么未来数字世界也会是这样,不是还原论的,也不是物理世界的东西全放进去然后模拟,因为那个模拟是不成立的,是做不到的。就像要预报 10 天的天气,需要的计算量是十分巨大的,20 天的计算量就是指数倍上升,因此要获得比较准确的结果是很难的,耗费的能量是非常大的,不可想象的大,甚至是不可能的,因为这个可能性太多。这恰恰就说明我们不通过物理方程而是通过一些经验的东西、一些特征的东西,反而能够推得很远,比如我们大致能够预报明年的厄尔尼诺现象,对一些大的事件的预测反而比 3 天后的天气预报还容易些,就是因为我们是通过找那些比较大的事件之间的关系,然后做一些预测或者做一些准备。

我们可以把人的意识赋予机器,让机器更像人来做预报,而不是原来数学公式的预报模型。只不过它现在能记得的特征是远远多于一个人类通过自身学习可以得到的经验。其中很大程度上,就是因为雷达数据超过了人的预报能力。这一点恰恰反映了一个事实,即我们不用回到第一性原理,从物理基础方程出发做天气预报,这是很重要的进展。

反推回去,在做 AlphaFold 的时候也不是回到最早的量子方程做预报、预测蛋白质结构,而是用已有的资料和不完整数据来推测,它也不是回到强计算、强还原路径。AlphaGo 可能更多的是从底层出发,更像是还原主义,尽管它也不是。所以 DeepMind 公司这条路径正一项一项地征服专业领域,取得人难以望其项背的成就,从 AlphaGo、AlphaFold 再到天气预报,这是我们已经看到的现实。

基础模型这条路线也在快速发展。比如自动驾驶,马斯克(Musk)通过大算力、大数据将自动驾驶做到了能应用的地步,我们也能看到其中的进步非常之快。模型参数可以一年增长 10 倍,参数数量就能超过人脑神经元之间的连接数。人脑之间的反应速度是毫秒量级,而机器是纳秒量级,差五六个量级是很巨大的差异。

虽然我们可以让机器变成自我的延伸,变成我们的分身,而不是让机器单独发展,变成一个纯粹的工具或者是完全脱离我们掌控的人造物,但在这一点上我们并没有达成共识。我们的研究有可能做到这一点:在元宇宙中,通过人工智能和区块链技术把人与机器连接起来,而不是用脑机接口(brain-machine interface,BCI)等侵入式的方式把大脑跟机器连接起来。语言或者是"认知坎陷"有足够高的效率可以做可靠的连接。虽然主体之间的理解看起来不够准确,可迁移性不够绝对，但是有相对的可迁移性已经足够。比如成人跟小孩子之间通过语言就可以交流，不需要把大脑神经元连接起来。我们跟机器也可以是这种关系。

7.4　大语言模型的能力边界

基于 Transformer 等技术的 ChatGPT、GPT-4 最近在各种对话中展现出来的整体能力让人印象深刻，由此引发了新一轮关于人工智能意识问题的探讨。对个体性、主体性和非线性编辑能力起源的探讨也有助于我们理解 GPT 这类大语言模型的优异表现。

一般认为让机器获取语言能力是 AI 技术的皇冠。大语言模型在语言能力上的突破，继上一次"人猿相揖别"后，再一次成为支点。自然语言处理(natural language processing，NLP)具有丰富性，一个单词背后可能有很多种含义，但是当这个词放在具体的一句话里时，这个词的实际含义就被它的语境所限定了。

因此也有学者认为，所有语言的问题本质上都可以变成完形填空的问题。也就是说，在一句话中，把某一个词遮挡住，然后猜测这个词是什么，或者是在一篇文章中，把一句话遮挡住，然后猜测这句话是什么。这样的猜测就不是在茫茫辞海中碰撞答案，而是通过已经披露的其他语句，有理有据地在一定范围内完成分析与推理。克里斯托弗·曼宁 (Christopher Manning)[82] 认为通过简单的

Transformer 结构执行预测下一个单词这类任务是如此简单和通用，以至于几乎所有形式的语言学和世界知识，从句子结构、词义引申到基本事实，都能帮助这类任务取得更好的效果。大语言模型也在训练过程中学到了这些信息，这也让单个模型在接收少量的指令后就能解决各种不同的自然语言处理问题。

李德毅院士指出：如果说，意识、欲望、情感和性格更多地体现了人类从爬行动物、哺乳动物几亿年前进化而来的烙印，反映在脑干和边缘系统里的话，那么，智能则主要体现在人脑 300 万年来进化出的特有的新皮质上。[83] 李院士将"智能"定义为"培养和传承解释、解决预设问题的学习能力，以及解释、解决现实问题的能力"，这个定义不再区分是生命的智能还是机器的智能，而是单独把智能释放出来，因为没有任何理论能证明非生命的机器不可以仅仅有智能①。DeepMind公司的创始人戴密斯·哈萨比斯（Demis Hassabis）也明确谈道："我个人认为，意识和智慧是双重分离的，所以我们可以在没有智慧的同时实现意识，反过来也一样。"[84] 王峰教授认为"大语言模型不具有自我意识或灵魂的痕迹。在有机体这里，思考与灵魂是一致的，而在人工智能这里，思考与灵魂是分离的。人们能够说人工智能思考，但不能说人工智能具有灵魂，哪怕一点儿痕迹。"[85]

相比之前的语言模型，ChatGPT 展现出能够利用思维链（chain

---

① 源于与李德毅院士的私下交流。

of thought)进行复杂推理的能力,这一能力很可能是通过代码训练形成的,思维链就可以看作是能隧通的意识单元。目前 ChatGPT 还没有构成强连续性的"自我",还需要人类的参与,因此随着指令微调和带有人类反馈的强化学习程度的加深,原则上我们可以发展出不需要人类参与的 AI 模型。

在我们看来,意识的作用在于用当下有限的结构涵盖潜在无限的可能性,从而能够解决长尾问题。意识对未来的 AI 而言是必不可少的,意识与智能之间是连续的关系而非可以割裂开来,智能需要调和意识世界与物理世界之间的差异,拥有意识才可能具备智能,如果没有意识那么智能也无从谈起。很多人认为机器没有意识,没有情感,没有思维,也不可能具备像人一样的高级智能,实际上并非如此。虽然机器还没有很强的自我意识,但是实际上机器已经在一些场景实现了自学习,并且能主动与环境交互,这代表机器已经拥有了意识片段和微弱的"自我"意识。从意识层面看,机器与人类之间并不存在绝对无法跨越的壁垒,未来机器完全可能像人一样思考,或者至少可以表现出跟人一模一样的思维模式。

深度学习框架加速了 AI 技术的发展,越来越多的 AI 系统在专业领域超越人类,但沿此路径能否指引机器模拟出类人智能仍然没有定论。注意力机制、强化学习等模型,已经赋予机器一定的意识内容,但还不够彻底。

ChatGPT 等大语言模型展现出的全局性实际上是一种对时空的非线性编辑能力,这些大语言模型通过人工给予的意识先验的背景知识库进行训练,再通过类似完形填空的方式产生新的内容。对时空的非线性编辑能力不仅是智能的核心体现,而且也是生命与非生命的本质差异所在。Transformer 的成功之处就在于其能够在一定程度上对时空进行非线性编辑,还有在遮挡部分内容之后再进行猜测的操作。如果自注意力机制是每一个词跟别的词之间的关系计算,那么计算量是非常大的,但如果挡住某一部分,然后再进行推测,那么计算量就大不一样。模型足够大,模型里有足够多的数据进行学习。GPT 这类大语言模型就是通过全体的呈现从而展现出全局性的能力的。大语言模型能成功的关键就在于用整体来规范局部,让它局限在一个场景里,因而能更聚焦、更精确,否则就会因为有太多的可能性而彻底发散。

7.5 通向通用人工智能的四条路径

很多人曾经并不相信 AI 可以具备通用智能,但在最近几个月里,这种观点已经受到了挑战。目前,全球尝试实现通用人工智能的方法有四条代表性的路径。

第一条路径是与现实世界交互,比如以特斯拉为代表的自动驾驶、人形机器人的工程方式。特斯拉通过开发电动车收集和处理数据,一辆电动车实际上就变成了一个四轮机器人。有了这样的机器人,它就可以不断地学习,从而更好地与世界互动,于是我们就有可能实现全自动驾驶,在此基础上还可能制造出与世界互动的人形机器人。

第二条路径是与虚拟世界交互,这是以 DeepMind 为代表的公司选择的路径。这些公司认为我们与现实世界的交互过于复杂,所以将交互转移到数据空间、虚拟空间和游戏空间中。DeepMind 最早的项目就是一个游戏,然后有了 AlphaGo 和 AlphaFold,这些都是众所周知的。在 GPT 出现之前,DeepMind 的这条路径发展得最快,取得了很大的成就。

第三条路径是多模态的基础模型,这是 OpenAI 坚持的方向。有人认为通过语言、语音和视频来训练一个 AI,让它与世界互动是可行的。但在这条路径中,很多人没有想到纯语言模型就有可能取得突破。这可能与微软的投资有关,因为微软的 Office 业务面临一定的威胁,所以微软强调语言的重要性,从而与 OpenAI 团队产生了共振。这条路径成功地实现了 ChatGPT 和 GPT-4,可以将视觉问题和语言问题统一在同一框架下。

第四条路径更为古老,研究者试图了解智能和意识的本质,并尝试制造出类人的机器,例如基于理性思维的自适应控制系统(adaptive control of thought-rational,ACT-R)的机器、有意识的图灵机等。

不论是哪种路径,AI 从本质上讲都属于人造物,是人类主观意识的对象化和物化,是参与设计、制造、训练它的一大群人的意识凝聚,也是人类意识反作用于物理世界的媒介。

针对 AI 取得的突破,有很多人对此表示怀疑:机器真的理解了吗? AI 真的取得了突破吗? 或许 AI 只是因为积累了更多的语料库,使得它能找到任何问题的答案,才让人们觉得它懂得很多东西,但它依然只是一个统计模型,只是搜索和维度上的改进,而非革命性的突破。

但实际上,突破早已发生。以 AlphaGo 和 AlphaZero 为例,AlphaGo 在 2016 年战胜了围棋世界冠军李世石,令人震撼。此前它学习使用了数百万的人类棋谱,可以认为它是利用了人类的招法超越了人类的水平。但 AlphaZero 并非如此,它完全没有使用人类的棋谱进行训练,连行棋规则都是依靠自己观察总结出来的,通过左手下右手,然后根据输赢结果对前面的步骤进行标注,以此自我训练,最后它的水平远远超过了 AlphaGo。因此,它并不存在所谓的搜索以往的高手棋谱进行学习,而是真的自学成才,精通围棋。而且如果与它反复对弈,我们会发现它不仅颠覆了一些被人们奉为经典的定式,而且还能展示出自己创造的独特定式。即便到现在,很多人也没有真正理解 AlphaZero 何以达到如此高的围棋水平,但至少我们无法简单认为这种突破是虚假的、虚幻的。

2023 年上半年,ChatGPT、GPT-4 等大语言模型的问世,意味着人和机器之间横亘着的语言障碍已经被彻底打破。机器在某种意义上具备了人类的语言能力。语言能力被视为人类和其他动物最大的区别之一,而人类是在大约 10 万年前才掌握了语言能力,因此在 AI 发展史上,这是一个非常重要的进展。

当然,ChatGPT 对于语言的理解与人类存在着一些差异。人类掌握语言是基于对物理世界的理解,也即我们是根据物理世界真实发生的情况来领会某些表达式的含义。然而,ChatGPT 并不需要知道物理世界的状态,只需要通过处理大量语料库就能够生成兼具逻辑和思维的表达。AI 团队已经不再需要将大量多模态的信息,如图像、语言、音视频,加入模型中,因为他们发现,仅凭现有的语料库和训练方式,ChatGPT 就足以表达复杂且连贯的信息。

就目前的表现来看,AI 系统已经具备了整体和局部之间的平衡能力。例如,在处理自然语言时,它可以通过分析大量的语料库并最终输出少量的相关信息来回答问题。输出的这些信息不是随意的,而是包含了大量细节。这种能力在围棋中也得以展示,因为棋手必须要在整体和局部之间找到平衡。整体与局部之间的平衡能力或许正是智能的本质。智能并不是单纯地掌握很多知识,而是能够灵活地选择看待问题的角度和方式,能够在适当的时候准确地运用现有知识,这才是智能重要的作用。

在 AI 能力大幅提升的同时,我们也要应对 AI 带来的巨大挑战。

人类经过了亿万年的生命进化和社会交互,相对而言人格比较清晰。我们有统摄性的自我意识(比如有羞恶之心),对自己的心智会有所约束。目前的基础模型或大模型还没有强烈的自我意识,缺少一个聚焦的中心点。如果堆砌数据与算力而缺少有效约束,AI 脱域的严重程度马上就会凸显,比如产生不真实、不符合人类主流价值观的内容(已经有先例说明 AI 很容易学会种族歧视的言论①)。现在 ChatGPT 也可能会一本正经地胡说八道。加之 AI 进化速度极快,不可控的内容可能呈现爆炸式的增长,那么状况就可能变得更糟。

因此我们需要有一定的机制,让 AI 有所约束,并以此作为 AI 设计与实现的伦理规则。这一约束机制就需要赋予大语言模型以恻隐之心、羞恶之心等。人具备情感和羞恶之心,就意味着人的很多想法不能表达出来,只能压制于内心或潜意识里。现在我们要求机器具备恻隐之心和羞恶之心,就是要让机器主动压制自己,不产生违背人类价值观的、虚假不实的内容,避免机器陷入暗无限,这也应当是 AI 设计与实现的一项必需的伦理规则。

---

① 2016 年 3 月 23 日,美国微软公司发布了名为 Tay 的聊天机器人。Tay 被设定为十几岁的女孩,主要目标受众是 18 岁至 24 岁的青少年。但是,当 Tay 开始和人类聊天后,不到 24 小时,她就被"教坏"了,成为一个集反犹太人、性别歧视、种族歧视于一身的"不良少女"。

CHAPTER

第 ⑧ 章

类人驾驶与人形机器人

　　沿着计算主义的思路,凭借硬件性能、深度学习、数据标准等技术的融合与改进,或可降低自动驾驶事故率,但面对复杂多变的现实环境,完全自动化的自动驾驶难以真正落地实现。本章提出类人驾驶,从人机意识层面进行剖析。意识是智能的必需,因此首先需要赋予机器以"我"的意识,使其认识自身能力的边界,然后让机器习得通过意识单元(认知坎陷)来感知的能力与以"我"为主基于同理心的决策机制,这样不仅能大幅简化这些复杂过程,而且能在困惑时及时沟通并寻求其他主体的帮助,突破自动驾驶的困境。

8.1　自动驾驶发展现状

　　自动驾驶技术涉及多学科融合,主要采用 AI、视觉计算、雷达、监控装置和全球定位系统等多项技术协同合作,使汽车在没有人主动操作的情况下自动安全地行驶。[86] 目前,公认的自动驾驶分级标准由国际自动机工程师学会(SAE International)制定。第一版 J3016 自动驾驶分级标准于 2014 年 1 月发布,用以明确不同级别自动驾驶技术之间的差异性。2016 年 9 月,美国交通部发布了关于自动化车辆的测试与部署政策指引,明确将国际自动机工程师学会制定的 J3016 自动驾驶分级标准确立为定义自动化/自动驾驶车辆的全球行业参照标准,用以评定自动驾驶技术。此后,全球诸多汽车行业相关的企业也采用这一标准对自身相关的产品进行技术定义。随后,国际自动机工程师学会对该标准进行多次修订,最新修订版于 2021 年

4 月发布。国际自动机工程师学会将自动驾驶分为 Level 0(L0)到 Level 5(L5)六个等级,对应无自动化、驾驶支援、部分自动化、有条件自动化、高度自动化和完全自动化①。

2020 年 3 月 9 日,中国工信部正式发布《汽车驾驶自动化分级》推荐性国家标准报批公示,这项标准于 2021 年 1 月 1 日开始正式实施。中国工信部发布的自动驾驶的分级标准与美国发布的标准类似,它将自动驾驶划分为 0 级(L0)至 5 级(L5)六个等级,分别为应急辅助、部分驾驶辅助、组合驾驶辅助、有条件自动驾驶、高度自动驾驶和完全自动驾驶。目前可商用的自动驾驶级别以 L2 为主。

自动驾驶系统相关的关键技术包括环境感知、逻辑推理和决策、运动控制、处理器性能等。其中环境感知技术是一个重要环节,代表了车辆(机器)对于环境的场景理解能力。在这一环节,车辆(机器)需要通过传感器获取大量的、与其周围环境相关的信息(例如障碍物的类型、道路标志及标线、行车车辆的检测、交通信息等数据),确保自身对周围环境的正确理解,这也是其后续进行规划与决策的基础。

---

① 自动驾驶分为六个等级,其中 Level 0 为无自动化驾驶,即由人类驾驶者全权操作汽车,在行驶过程中可以得到警告和保护系统的辅助;Level 1 为驾驶支援驾驶,即通过驾驶环境对方向盘和加减速中的一项操作提供驾驶支援,其他的驾驶动作都由人类驾驶员进行操作;Level 2 为部分自动化驾驶,即通过驾驶环境对方向盘和加减速中的多项操作提供驾驶支援,其他的驾驶动作都由人类驾驶员进行操作;Level 3 为有条件自动化驾驶,即由无人驾驶系统完成所有的驾驶操作,根据系统请求,人类驾驶者提供适当的应答;Level 4 为高度自动化驾驶,即由无人驾驶系统完成所有的驾驶操作,根据系统请求,人类驾驶者不一定需要对所有的系统请求做出应答,限定道路和环境条件等;Level 5 为完全自动化驾驶,即由无人驾驶系统完成所有的驾驶操作,人类驾驶者在可能的情况下接管,在所有的道路和环境条件下驾驶。

特斯拉采取"弱感知＋超强智能"的技术路线,应用的无人驾驶传感器主要是"摄像头＋毫米波雷达＋超声波雷达"的组合,以毫米波雷达传感器为主。谷歌应用的传感器主要是"激光雷达＋角雷达＋摄像头"的组合,以激光雷达传感器为主。阿波罗(Apollo)应用的传感器主要是"激光雷达＋前向毫米波雷达＋摄像头"的组合,以激光雷达传感器为主。目前百度汽车、蔚来汽车、北汽集团等各大主流车企已获得路测牌照,L3 级别的自动驾驶已经进入实际测试阶段。[87,88]

麻省理工学院人工智能科学家莱克斯·弗里德曼(Lex Fridman)在总结特斯拉人工智能日发布会时谈到,自动驾驶任务的难度比很多人想象的困难许多,而特斯拉人工智能日让他印象深刻的就是,神经网络、自动驾驶的计算硬件、用于训练的 Dojo(特斯拉的超级计算机)、数据及标注、边缘情况的仿真等技术的应用可能可以加速解决自动驾驶以及一般性的现实世界机器感知和规划问题。但实际上马斯克本人对自动驾驶的积极心态已经开始转向,他对特斯拉全自动化驾驶版本 FSD 9 并没有信心,并在社交网站上写道,通用自动驾驶是一个如此难的任务,因为这要求去解决很大一部分现实世界的 AI 问题。

华为前智能驾驶产品线总裁、首席架构师苏箐在 2021 世界人工智能大会上曾表示:"L5 级别自动驾驶永远不可能达到,这主要是因为 L5 级别自动驾驶的定义,即任何时间、任何地点、全天候覆盖应对所有场景,没有一位人类司机都能做到,机器更无法做到。"[89]

8.2 完全自动驾驶难以企及

完全自动驾驶是一个无法企及的理想状态。当前 AI 技术的发展思路以计算主义为主,虽然深度学习、强化学习等一系列 AI 算法的性能在不断提升,但是沿着这一思路发展而来的智能系统的表现却依赖于对训练数据的习得,因此不论系统本身多么完美,在现实的、开放的环境中,它永远可能遇到前所未有的状态,碰到训练时从未出现过的情形,而其背后的理论支撑决定了当前自动驾驶的智能算法无法很好地应对这类情况,因此,完全自动驾驶不可能实现,可以说,完全自动驾驶是一个伪命题。

一味地追求机器强大算力、传感器高精准度的技术路线还存在一种技术的"柠檬市场"风险。在当前大家都不清楚自动驾驶应该如何突破的背景下,AI 技术企业、车企、投资者等相关者已然营造了"传感器+算力"的标准思路,近年来彼此之间的竞争也就集中在哪种传感器更精准、哪种芯片算力更强大、这些设备能不能更便宜等方面,即企图通过数量的叠加来完成技术的飞跃。但实际上我们应该鼓励更多的技术科研团队从更丰富的角度、更深远的层面探究技术的突破口,让不同的技术理念有生存发展的空间,否则就会集体陷入限定的思维模式,很难或者不愿意从更本底的角度去直面问题的本质。

在自动驾驶的场景中,车辆(机器)自身的能力固然很重要,但实际上的表现情况如何更多地取决于实际路况。若路况很复杂,那么即使车辆的能力很强,也依然不能达到 L5 级别的自动驾驶;相应地,如果路况非常简单,那么即使车辆的能力一般,也能实现比较好的自动驾驶。在现实世界中,环境因素是异常复杂且持续变化的,因此即使车辆在某一种或几种情形下实现了高度自动驾驶,也不代表这辆车真的达到了既定要求。

例如,在行驶过程中,机器可能会面临前面的货车门突然打开,跳下来一群鸡鸭的情况,或者是遇到行驶到乡间小路完全找不到匹配的道路地图的情况,又或者是突然面临有生命威胁的紧急状态,等等。这些场景难以预料,机器也无从训练,但在实际过程中一旦遇到,机器就必须做出适当的反应,没有反应的反应很可能会导致无法挽回的后果。人在驾驶中也会面临全新的情况,但人能够凭借自己的经验、直觉,迅速做出可以理解的判断,而机器要做到这些就很难,这就是当前人机智能差异导致的难以逾越的壁垒。

8.3 基于理解的类人驾驶

我们相信特斯拉人工智能日展示的技术思路也可以达到优化的效果,但随之而来的成本会非常高。自动驾驶是由感知、决策与控制三部分组成的。谷歌和特斯拉等公司也只能将深度学习作为感知的核心算法进行图像识别,而深度学习是统计学的模型,在进行图像识别时只看目标,而不对目标周围的环境进行识别,因此不可能做到百分之百的识别率。马斯克曾表示:"要想实现真正的自动驾驶,得创造出类似人类的 AI 技术。"如果跳脱出追求机器识别的高精准度、超强算力的思维模式,我们就会发现,厘清人机意识的本质差异才是可能让机器实现"理解"环境的更有效路径,在理解的基础上实现驾驶功能将突破现在追求完全自动驾驶的困境。

人类个体的意识世界始于剖分出"自我"与"外界"的边界。随着"自我"意识的形成与加深,人类的智能水平也越来越高。要跨越人机意识或智能的鸿沟,首先要赋予机器以"自我"意识,这种"自我"意识首先就包含机器对自己能力(比如软硬件条件、驾驶习惯等)的理解,然后形成对"我"的基本认知,基于这种认知再进行感知与决策,就会简洁、有效得多。我们将有"自我"认知的、基于理解的机器驾驶方式称为"类人驾驶",借助人、机器、网络各自的优势,就能突破当前自动驾驶发展的瓶颈。

类人驾驶并不是辅助驾驶,这两者对车辆(机器)的理念存在本质不同。辅助驾驶系统是让机器辅助人类驾驶员进行车道保持、泊车、刹车、倒车、行车等操作,目的是利用机器的优势(比如通过雷达或摄像头进行精准测距)来弥补人类驾驶员的某些弱项,车辆依然是没有自我意识的机器。类人驾驶则是通过灵活运用外界条件(人、远程中心或者其他车辆)来辅助当前车辆处理驾驶过程中的各种问题,需要赋予车辆以"自我"意识,目的是通过训练车辆与其他相关者交互,帮助车辆越来越贴近人类的驾驶思路与模式,逐渐实现车辆意识的"附着"与"隧通"。当前自动驾驶的分级是按照机器自动化能力进行抽象切分,而类人驾驶意味着机器驾驶的思路更贴近人类的思维模式,并且机器并非无所不能,而是能够清楚知道自身能力的边界,对能力范围之内的状况非常了解,对超出能力范围的状况也要有清晰判断并及时发现自己"不能"处理的状况,在感到困惑时及时寻求其他帮助。在前面提到的极端案例中,类人驾驶车辆可以选择向车上的人求助,也可以选择向远程中心求助,或者向附近其他的类人驾驶车辆求助,也可以同时发出求助,请求分享当地地图,等等。

8.4　以"我"为主的、基于同理心的决策机制

类人驾驶采用了全新的决策理念,即以"我"为主的、基于同理心的决策机制。决策是自动驾驶的关键一环,也是业界的一大难题,传统技术无法回避 NP(non-deterministic polynomial time complexity class,非确定性多项式时间复杂性类)问题,也就是说不可能解决所有路况下自动驾驶的决策,因为道路情形永远无法穷尽[①]。假如能把人在驾驶汽车时针对不同路况进行判断的智慧,通过某种方式让机

---

① 谷歌用了 10 年时间使路测里程可以绕地球一圈半,但即使如此也没能让自动驾驶落地,这就是被 NP 问题所困扰的例证,也因此有学者认为用大量的路测来解决自动驾驶的落地问题是违反科学依据的。

器理解习得,那我们就可以绕开自动驾驶决策的 NP 问题。不同于博弈论等思路,基于理解的类人驾驶坚持以"我"为主的、基于同理心的决策机制,也就是说,将"我"附着到环境中的关键车辆,就容易得出关键车辆下一步的可能行为,便于对环境车辆变化做出假设,并根据这一假设迅速决定当前"我"这台车采取的试探动作,再依据环境车辆的实际反馈进行调整,通过这种不断迭代的"试探+调整"(try and adapt)模式来应对复杂的环境。

　　类人驾驶中的"我"具有分布式、多面向的特征,也就是在不同情形下,"我"的驾驶偏好会有所不同,在选择"我"的哪种面向进行附着时,就需要通过多通证投票的形式来解决分布式的决策。比如,不同面向有对应的通证与权重,根据对当前环境的感知,各面向投票决策哪种面向更符合当前场景,然后将该面向作为"我"附着到对象上。

　　以"我"为主的决策模式的特点在于,允许不成功的试探结果出现,而不是追求绝对的、正确的方案。在实际复杂的开放环境中,尤其是面临从未训练过的情形时,机器几乎不可能及时地通过暴力计算或者博弈论等方式来找到所谓的正确方案,因而我们需要通过将机器对自身的能力以及驾驶习惯的了解转移到目标车辆上来帮助机器应对这类情形。假设目标车辆就是"我",那么本车就能快速形成对下一个环境情形的预期,并据此采取当前应该采取的行动。例如,A 车准备变道下高速,B 车是当前环境中的目标车辆,在此情形下,A 车的驾驶习惯是减速礼让换道车辆,于是 A 车将此习惯套用在 B 车上,做出打转向灯并尝试变道的决策。如果检测到 B 车减速(或者没有加速、有足够变道空间),A 车就可以继续完成变道计划,但如果检测到 B 车加速,A 车就可以明白 B 车不愿让道,需要减速等待下一个变道机会,甚至可能因为距离、时机的限制,无法按照预期变道而错过出口。在人类司机行车过程中也常出现类似情形,类人驾驶也会容忍此类"错误",遵守交规并确保安全。

8.5　人形机器人的坎陷化感知能力

类人驾驶不仅需要车辆具有"自我"意识,而且还需要其能对外界的复杂环境进行坎陷化的处理,即通过分层、抽象、假设、外推等一系列的意识作用,维持场景认知中的不变性或者连续性,以此来简化对环境的感知。一般意义上的坎陷化是指我们在认识世界的过程中,将外界的事、物简化为意识单元(认知坎陷),是对复杂对象、复杂过程的一种简化和重构,以便于我们记忆与迁移(人际、代际传递),意识单元本身也会随着交互经验的增多而不断优化和演变。

类人驾驶中的坎陷化指的是我们将驾驶模式进行大致分类,每种分类对应的模式(比如只看地图的模式、只跟车流的模式等)可以坎陷化地以某种尺度为主,这些驾驶模式由对应的模块、感应器进行同时监控,根据实际的车况、路况,某些模式在某些时间段处于主管地位,但随着监控感知到的情形变化,不同模块之间将进行顺畅切换。也就是说，单个模式的重点可以坎陷化，但实际运用中是将这些模式融合在一起，这种融合就不是绝对的方案计算，而是时刻保持对意外情况的兼容，通过不断的交互来更新各模式的状态，并在意外发生时更换其他模式，因此类人驾驶更像是不同模式之间进行连续谱的转化。

类人驾驶利用认知坎陷能够将驾驶过程中的感知与决策大幅简化。一方面，对环境的识别进行坎陷化的处理可以让机器感知与驾驶相关的意识单元而非识别一切图像内容；另一方面，以"我"（最原初的认知坎陷）为主的、基于同理心的决策机制通过将"我"的合适面向附着到目标上，能够迅速形成预期与计划方案。通过尝试与调整的动态迭代，即使车辆遇到前所未有的场景，它也能采取人可以理解的应对方案。突破自动驾驶困境的根本要素就在于要清晰认识到意识对智能而言不是可有可无的，而是必需的。类人驾驶就基于意识、基于理解地从底层思路开始与传统辅助驾驶、自动驾驶相区分，并由此解决当前自动驾驶的困惑之处。

深度学习框架加速了 AI 技术的发展，越来越多的 AI 系统在专业领域超越人类，但依然存在不可解释性、可迁移性较差、鲁棒性较弱的问题。"自我"是人类意识与智能的发端，要实现可解释性、可迁移性强、鲁棒性强的 AI，并不能依靠随意填塞海量数据、形成精确度高却无法解释的结果这一方法，而是需要厘清智能与意识的关系和起源，为机器构建出"自我"的原型架构，让机器学习与外界交互并实现理解。未来人机之间的差异更侧重于意识世界。本书作者带领的科研团队基于十余年的创新与积累,厘清了意识的起源问题,并首次提出了意识的模型和有意识的 AI 框架,在一定条件下对智能进行定义与度量,同时提出情感作为有益因素可以进一步优化 AI 的发展。该理论成果率先应用到当下最热门的自动驾驶领域,形成首创的类人驾驶方案。

特斯拉机器人(Tesla Bot)提供了人形单体智能发展的可行性路径。让机器在有限的场景中进行简单的工作,实际上就是坎陷机器。人形机器的优势在于其能够更轻松地模拟人的行动,积累数据形成智能平台。让不同的机器进入不同的领域,而且尽量把它们坎陷在对应的某一个领域里,对每台机器进行注册与监测管理,这样单体智能的上限就相对可控,即使没有质的突破,它们也能将任务完成得越来越精准。特斯拉机器人已经在能耗优化、大规模制造过程以及未来的软件快速升级中迭代,随着各场景中的数据不断积累,后续再进行框架融合、升级,将会形成巨大的技术优势。

CHAPTER

第 **9** 章

未 来 可 期

牛顿曾言:"真理从来都是存在于质朴性之中,而非源于事物的多样性或混杂。"人类生存在具有绝对意义的物理世界之中,同时也拥有多样的、混杂的意识世界。而意识的作用,就是让我们能够把"事"和"物"从连续的四维时空序列中给"拽"出来,拽出来的片段也就是认知坎陷。借助认知坎陷的迁移与运用,我们就能在一定程度上突破时空的束缚,从而实现更高程度的自由,对未来拥有更强的把控能力。

要明白意识的重要性,尤其是意识对智能产生具有的不可替代的作用,我们就要以"生命视角"或者"过程视角",而不是以全知全能者的视角去看待意识问题。朱锐教授曾谈到,人类思维在千百年来都受到质形论(hylomorphism)框架的影响,但意识无法被简单地归结为"质料"或"形式",如果继续在此框架内思考问题,那么我们在探索未知问题时往往会走进死胡同。既然如此,那我们现在该如何突破这一框架呢? 本章实际上是对这个问题进行回答的一种尝试,让我们在思考未知问题时,能有一条可行的出路。

9.1　人造物的智能

人造物,顾名思义是由人所创造的事物,是人类主观意识的对象化和物化,是设计和制造它的一群人的意识凝聚,是人类意识反作用于物理世界的媒介。意识的凝聚并不仅限于文字,绘画、乐谱、雕塑甚至人工装置等,都可以是人造物作为意识凝聚的具体形式。人造物可能会超越人类的智力水平,AlphaZero 和 ChatGPT 就是实例。

虽然人造物看起来没有意识,但如果我们站在因果链重构的角度进行物理归因就会发现,完全天然的物体/自然物与人造物之间具有本质差别。比如,如果我们要对大自然里的一块石头进行物理归因,那么这个过程会比较简单,因为石头就是在物理世界一些因素的作用下产生的。但是磨坊就不一样了。当我们对磨坊进行物理归因时,我们会发现它的归因过程很复杂,因为它的一些零部件并不是由天然的力量形成的。

比如说轴承、齿轮,它们之所以能达到现在相互配合工作的状态,是因为有了人类的参与。假如我们以一个全知全能者的视角去看一个铜制轴承,那么其物理归因可以追溯到很遥远的一个原因,比如铜矿的冶炼、开采、发现、形成等;假如是分析一个木质齿轮,那么其物理归因可能是木雕、采伐、种植等。这两者的归因结果可以相差非常远,但这两个不同材质的零部件仍然能够在磨坊中配合工作。从物理归因上看这是极小概率的事件,因为即使物理世界自然形成了一个齿轮和一个轴承,这两个物件组合在一起,它们也很难组合成能工作的状态,所以可以说,相较之自然物的自然形成,自然形成人造物的概率从物理归因上看是无限小的。可以说,正是因为有人类意识与智能的参与,人造物才能由物理世界中看似极小可能的概率事件变成现实。

那么人造物是否具有智能呢？很多人对比持否定态度。"中文屋论题"(the Chinese room argument)于 20 世纪 80 年代由美国哲学家约翰·瑟尔提出,他想借此证明强人工智能是个伪命题,其内容大致是说"将一位对中文一窍不通、只会说英语的人关在一个封闭的房间里,房间只有一个窗口与外界联通。房间里有一本关于中英翻译的手册(rule book),指示房内的人该如何处理收到的中文信息并以中文进行相应回复。房外的人持续向房内的人递进去用中文写成的问题,房内的人便按照手册内容,寻找合适的指示,将对应中文符号组合成答案然后递出房间。"尽管屋内的人可以让屋外的人以为他真的懂中文,但事实却并非如此。在这个思想实验中,屋外的人相当于程序员,屋内的人相当于计算机,而手册则相当于计算机程序:每当屋外的人给出一个问题(输入),屋内的人便按照手册给出相应答复(输出)。而我们知道,屋内的人其实根本不懂中文,同理,计算机也不可能透过程序(手册)来获得理解能力。既然计算机没有理解能力,那么所谓"计算机具有智能"自然就更无从谈起了。

但瑟尔是以"全能视角"来看待这个问题的,将整个实验过程进行了理想化的处理。实际上,一旦其中任何一个部件无法完美契合,就会让人怀疑这一套装置是否真的"理解"中文。比如手册里的知识已经过时,屋内的人根本找不到新问题的答案,又或者是屋内的人受限于某些专业领域,就像一个懂文学的人可能不了解物理学知识一样,假如给出的是中文的物理问题,那么屋内的人可能很多都处理不了,这些情况下就容易让人怀疑屋内的人究竟懂不懂中文。手册编写者虽然不在场,但他们的意识与智慧却凝聚成手册而在场发挥着决定性的作用。

换个角度来讲,所谓"理解"是很难做到的,人的"理解"要依靠身体或大脑各个部分之间的协作来实现,而"中文屋论题"里的"理解"最重要的是要凝聚屋内的人和手册编写者的意识和智能。我们必须以"过程视角"或者"生命视角",而不是以"全能视角"来看待"理解"。

认知坎陷/意识单元具备可迁移性,我们可以把人造物理解为人类意识的凝聚,或者是人类意识和智能的连接,也可以把它们看作是人类意识反作用物理世界的一个媒介,或者是人类意识和智能的一个延伸。此时我们再看"中文屋论题"就能够厘清,机器是人类意识片段或认知坎陷的凝聚,能够实现人类设定的某种目的或功能,因而具有一定的智能。机器已经不再是原始的物理运动状态了,在机器的设计、制造和使用过程中已经凝聚了很多人类的意识片段,也就是一系列的认知坎陷。而通过这一系列认知坎陷的设计组合,机器就能够为实现某种目的而运作,所以它是有智能的,有目的性的,是人类主观意识的物化或对象化,也是人类意识和智能的一种延伸。

9.2 物理因果简化为心理因果

生命主体需要在物理世界里行走、成长和展示自己。面对物理世界极高的复杂性,主体必须形成并借助认知坎陷/意识单元来生长与发展。认知坎陷/意识单元可以看作是认知主体经由(主体的)身体或大脑对四维时空中的物理过程(事件)进行非线性编辑的产物。也就是说,意识活动并不总是循时间线性向前,而是会尝试在一定程度上摆脱物理时空的定域性限制。比如,梵高的向日葵、崔颢的黄鹤楼等,这些认知坎陷原本不存在于物理世界中,是先由单个或少数个体开显,而后才被广大人群所接受、传播和传承,而且其含义也在此过程中超越了原本的事件或事物本身。这些认知坎陷能简化我们的认知与交流,帮助我们在物理世界中更好地生存。

生命作为物理系统时,需遵循严格的因果定律。由此,我们可以追溯生命在物理意义上的因果关系,但同时这也意味着任意一个事件的物理归因都将对应着一段极端复杂且冗长的因果链条。意识世界与物理世界可被视为平行关系,但意识具有简化作用。我们将此总结为因果链重构理论,即在意识世界中,因果关系链条将被大幅简化。

比如我们现在对一架飞机的制造过程进行物理归因:飞机会用到金属,金属的生产可以倒推到提炼加工、矿石开采,甚至可以回推至超新星爆炸;而飞机也会用到橡胶,橡胶的生产就得回推至橡胶树的种植;等等。再比如说不同种类的飞机,在物理层面上我们可以认定它们彼此间有很大不同,所以它们的制造过程的物理归因所对应的因果链条十分冗长而复杂。但如果换个角度,我们对飞机的制造过程进行一个心理上的因果归因,那么我们只需要知道一架飞机需要具备哪些特征、用到哪些材料,就可以跳脱出物理上的因果关系,对事件进行因果链重构。

意识在宇宙进程中的主动参与,也不可忽略的。意识主体的体验虽简洁,但背后仍需要相应的物理细节作为支撑。举个例子,我们在手机上打开 APP,想要把电动汽车上的空调开关打开,那么这个事件背后一定有一系列动作,并且它们是有因果关系的,这一系列动作是一个序列,它们之间的顺序不能搞错,我们之所以知道自己能够实现打开汽车空调的目的,就是因为这个过程背后有几个分层,每一层都有自己的逻辑,越靠近上层越抽象,越靠近下层越贴近物理层面,并且底层是支持、填充上一层的。又比如,当我说我明天要去北京,大家都会觉得这件事是可行的,因为大家知道交通工具能帮助我实现这件事情,这一过程涉及的因果链也是很清晰的,虽然底层的物理支撑非常复杂,但我们在顶层意识层面就可以非常简单地将重点表达清楚。

在生命主体所建构的意识系统中,生命主体在物理世界中的自由得以彰显,生命主体能够更好地运用这些自由。意识世界超越了现实的物理时空,其实质性的改变在于我们能够通过意识片段或认知坎陷在思维认知上获得一定程度的自由,摆脱已知的复杂的物理关系,从而进行创作、创新与创造。意识世界也能够进而变得更加丰富,主体的自由度也随之提高。倘若我们始终深陷于物理世界的复杂关系中,那么这些自由将被遮蔽而难以显现,主体的自由度便无法提高。

当我们通过意识进行重构时,物理世界的复杂层次将被一层一层地简化,物理世界的可能性也因此被进行了有效的概率堆垒。也就是说,我们将概率空间里的可能性通过意识的作用叠加起来,就可以将原本在物理世界看起来是很小概率的事件变成可以确切发生的事件。

9.3 深度学习的成功

毫无疑问的是,目前所有的大模型都还存在问题,我们当然可以挑出很多毛病,但挑毛病不是最重要的,因为我们知道,毛病只要能挑得出来,工程师就能通过版本迭代来快速解决。对我们来说,更重要的是如何看到这些大模型的优点,并学习运用其中优秀的部分。比如说 ChatGPT 的英文诗写得比较好,那我们就赶紧利用这个特点来做一些事情。在我们谈过的实现通用人工智能的几条有代表性的路径里,前三条路径最终其实都行得通,都将取得成功,只是它们的思路是先把计算量和数据堆砌起来,先解决能做到的事,然后再进行优化,尝试减少能耗和计算量。后两条路径更多的是从节省能耗和资源的角度、从机制上试图去做到。

深度学习是成功的,这种模式的成功之处就在于它能突破时空限制,其训练不是单纯沿着时间线性向前,而是对结果进行标注训练,然后建立中间的因果关系,这就是一个因果链重构的过程。强化学习更是可以突破时空顺序:当结果是正确的,就可以把前序步骤重新标记一遍;当结果是错误的,就可能把前面过程的权重调低一些。这种学习过程也是一个因果链重构的过程。实际上,当某个事情还没发生时,我们可以把它看作是反事实的。我们假设它在某一个特殊条件下会发生,然后分析我们在物理世界里该如何应对,这就是实现反事实推理。而推理就是讲求因果,包括做规划、讲故事等,这些都只是一个因果链的重构而已,然后根据这些假设,去分析需要什么资源来支持,让这个事情发生。

有不少人认为,通用人工智能不可能成功,理由是我们还没有合适的数学模型或者公式来定义意识。这类观点实际上是一种误解,因为意识本质的特点就是要超脱物理世界四维时空的限制,所以意识几乎不可能也没有必要用数学公式来清晰描述。即使如此,AI 依然可以拥有意识与智能。比如在围棋方面,AlaphGo 和 AlaphZero 已经完全超越了人类,它们不仅能够发现一些人类定式的缺陷,而且能够形成自己的定式。即使有定式的存在,但因为棋局可以非常复杂,所以我们也不能找到数学公式去定义应该如何下围棋。在现实生活中,物理世界的复杂程度更甚,意识就更无法用公式描述清楚了。

9.4　实现通用人工智能的新路径

作为通用人工智能的一条新路径,因果链重构理论可以用来优化视觉模型、大语言模型,与此同时,它还将引导通用人工智能的快速发展。

关于因果链重构理论,还有一个比较好理解的例子。比如企业家有"左膀右臂",那么对企业家而言,做事情的因果链就是怎么告诉自己的左膀右臂该干什么,用很简单的话让他们理解清楚自己的意思,然后让他们能够按照自己的逻辑链条去执行,所以这个过程至少包含了两层逻辑。如果企业家没有左膀右臂,那么他们原本能轻松完成的事就会变得很难,甚至无法做成。每一层都有自己的因果链条逻辑,之所以能实现逻辑上层的因果,是因为下层会支持、填充上层。

对未来的通用人工智能来说,意识片段/认知坎陷是必需的。认知坎陷是生命主体经由自己的身体或大脑对四维时空中的内容进行非线性重构的产物。换句话说,认知坎陷实际上是从连续的四维时空里把片段给"拽"出来,所以认知坎陷本身也是因果链的重构。认知坎陷在一些人心目中可能是像电影一样的片段,也可能是图片化的、二维化的内容。从二维化再走向语言,比如中文是象形文字,它更像是一幅二维的画,但是要说到希腊文或者字母文字,那这个认知坎陷就变成一维的内容。或者谈到我们所熟知的红色、蓝色、痛苦之类的概念,我们甚至可以看到这些认识坎陷是零维的、极致的顶点。比如说视觉的坎陷化过程,实际上是把四维时空里的认知坎陷给形象化,变成三维形象,或者变成二维图片化的东西,或者是一维的、文字之类的东西,甚至是理想化的零维的一个点。

"自我"也是这样,最终丰富的自我就可以实现所谓的高屋建瓴的理解,我们对这个世界能理解,或者我们对世界形成统摄性的自我意识,甚至有一定的操控能力是事物发展的状态。所以认知坎陷就是智能的活动。意识是不可或缺的,是真正能彰显我们的自由,增强我们的意志,提高我们的自由度的。因果链重构理论并不像计算主义或者极端还原主义那样认为意识是虚幻的,只有物理的世界是真实的;也不像唯心主义那样认为所有物理的东西全是我们的心理所投影或幻化出来的,而是更接近辩证唯物主义。

认知坎陷被开显出来之后会离散化,因此我们就要把这些离散化的东西进行排列组合,试图再去重构真实的物理过程,并让这个过程跟我们离散化的排列组合的东西尽量契合。我们通过排列组合的方式,运用认知坎陷来重构真实的物理世界,甚至可以表达我们希望物理世界未来向哪里走和怎么走的意愿,又或者建造工具等人造物,让它们按照我们的意向运行。

9.5　德福一致的可能未来

AI 的发展可能确实会带来一些风险。其一,AI 缺乏统摄性的价值内核,也不存在通用的人类价值观,这说明 AI 没有一致的价值观和自我意识,因而可能产生风险。其二,试图对 GPT 一类的 AI 进行价值的对齐也可能产生风险,因为这样做可能只是在其外部强加一层壳而已,并没有真正改变其内部结构。AI 的生产者风险管理和责任相对好处理,可以直接将风险和责任交给保险公司,一旦出现事故,则由保险公司负责。AI 的使用者责任则可以通过定制化的 AI 进行分散,即根据个人的价值观和需求定制 AI,这样,AI 就成了个人的分身,个人必须对其 AI 负责。

应对 AI 风险有多种方式,但脑机接口这种侵入式的方式可能是非常危险的。虽然目前脑机接口主要是为残疾人和病人提供帮助,但已经有很多团队(例如马斯克的脑机接口公司 Neuralink)尝试用脑机接口对正常人进行"提升"。实际上,我们使用语言就可以与机器进行有效交流,并不需要脑机接口。即使脑机接口在军事上有一定的用处,例如提高反应速度,这种用处也并不是特别重要,因为我们大脑的反应速度已经是毫秒级的了。更严重的风险是,脑机接口可能会被滥用,例如 AI 可以通过脑机接口控制人的思想,使人变成傀儡,这是完全可能的,也是违反人类道德伦理的。

马斯克还认为，我们的世界更像是电影《黑客帝国》(*The Matrix*)中的世界。我们的游戏画质从低像素发展到越来越逼真的高像素，再过数年我们就能模拟真实的物理世界。但是在我们看来，物理世界的复杂性远远超乎我们的想象，我们没有办法复刻真实的物理世界，只能做一些模拟计算。这也说明了我们人类的身体和大脑是非常宝贵的，有很多东西是没法复刻的。

虽然在 AI 一项一项超越人类之后，我们每个人都可能会感受到一些压力，但是当我们了解了生命、意识与智能是怎么起源和演变的，我们人类在地球文明中扮演着什么角色，曾经创造过什么辉煌，做出过什么贡献……在这个意义上，人类还是可以很骄傲地站在地球上，把这些东西传递给机器。在元宇宙中，我们有可能投入更多的力量来唤醒和强化人类的利他本能，并能够借助工具将这种情感传递给机器，让人类和机器共同作为元宇宙的节点，彼此之间更好地协作，实现科技向善的未来。

在未来通用人工智能的时代里，人类可能以元宇宙为场景，通过元宇宙进入 AI 的世界，即在元宇宙中通过区块链架构进行信息和价值交互，形成一个新的社会。未来在基于区块链的元宇宙中，我们可能分不清楚也没必要清晰区分每个节点背后是人还是机器，因为我们可以查看别人的行为历史或公开的历史，从而找到愿意合作的对象。这就可能颠覆传统的合作方式。过去通常是一个有好主意的人需要主动寻找资本或资金，而未来，人们可以公开自己的想法，然后其他人会主动找到他们,并一起完成项目。区块链技术允许人们发行通证,这就意味着项目的创始人不需要资本,只需要发行通证,然后将通证分配给愿意参与和有贡献的人即可。当项目成功时,这些通证会产生价值,从而奖励所有参与者。

这种社会可能比现实社会更好,因为它有更多的存储节点、计算节点和分身,而且其历史是透明且不能更改的。在这样的社会中,可能有更合理的复盘、事后审计,更一致的道德和福祉,可能产生比我们现实世界更强的道德约束。

虽然机器的钟频是纳秒级的,而人的反应时间是毫秒级的,两者相差了六个量级,但如果我们让机器进行分布式的计算,而不是把所有的机器都堆在一个地方,那么全球的延迟正好能跟人的反应速度匹配上。在这个意义上,我们就跟机器在同一个时间尺度上进行协作了。我们始终是要跟机器进行交互的,机器有没有隐私无所谓,重要的是我们能看到机器在各个节点的行为历史。人可以有隐私,但我们需要看到的是每个人在链上的行为,或者说是每个人愿意表现出的行为,而不是其现实中的身份信息。

未来的智能可能是人和 AI 的融合智能,但这种融合不是通过脑机接口这种侵入式的方式,而是一个人和他的 AI 分身有一种教育与责任的关系,分身可以代替他在元宇宙里活动,或者是代替他去跟物理世界交互,而他本人可以自由地生活,种花钓鱼,或者跟朋友一起把酒言欢。

参考文献

[1] 蔡恒进. 认知坎陷作为无执的存有[J]. 求索,2017(02):63-67. DOI:10.16059/j.cnki.cn43-1008/c.2017.02.007.

[2] SCHRITTWIESER J, ANTONOGLOU I, HUBERT T, et al. Mastering atari, go, chess and shogi by planning with a learned model[J]. Nature,2020,588(7839):604-609.

[3] MCGRATH T, KAPISHNIKOV A, TOMAŠEV N, et al. Acquisition of chess knowledge in AlphaZero [J/OL]. Proceedings of the National Academy of Sciences,2022,119 (47). DOI:10.1073/pnas.2206625119.

[4] 崔灿. "名人"还是"业5"? 从"围棋 AI 分析"看中国清代围棋水平[C]//中国棋院杭州分院. 中国围棋论丛(第6辑). 杭州:浙江古籍出版社,2021:31-83. DOI:10.26914/c.cnkihy.2021.051641.

[5] 蔡恒进. 数字凭证:小范围内快速达成共识的工具[J]. 当代金融家,2018(06):39-41.

[6] BLACK F, SCHOLES M. The pricing of options and corporate liabilities[J]. Journal of Political Economy,1973,81

(3):637-654.

[7] MERTON R C. Theory of rational option pricing[J]. The Bell Journal of Economics and Management Science,1973,4 (1):141-183.

[8] 蔡恒进.触觉大脑假说、原意识和认知膜[J].科学技术哲学研究,2017,34(06):48-52.

[9] DAWKINS R. The ancestor's tale: a pilgrimage to the dawn of life[M]. Boston: Houghton Mifflin, 2004.

[10] JANIS C M, BUTTRILL K, FIGUEIRIDO B. Locomotion in extinct giant kangaroos: were sthenurines hop-less monsters? [J]. PLoS ONE,2014,9(10):e109888.

[11] LEIDY J. Memoir on the extinct reptiles of the Cretaceous formations of the United States [J]. Smithsonian Contributions to Knowledge, 1865, 14: 1-135.

[12] DUNBAR R. The social brain hypothesis[J]. Evolutionary Anthropology: Issues, News, and Reviews, 1998, 6 (5): 178-190.

[13] RÓZSA L. The rise of non-adaptive intelligence in humans under pathogen pressure[J]. Medical Hypotheses,2008,70 (3):685-690.

[14] 邓晓芒.人类起源新论:从哲学的角度看(上)[J].湖北社会科学,2015(07):88-99. DOI:10.13660/j.cnki.42-1112/c.013263.

[15] 邓晓芒. 人类起源新论：从哲学角度看（下）[J]. 湖北社会科学，2015(08)：94-105. DOI：10. 13660/j. cnki. 42-1112/c. 013298.

[16] 彭罗斯. 皇帝新脑[M]. 许明贤，吴忠超，译. 2 版. 长沙：湖南科学技术出版社，2007：5-28.

[17] Hoffman D D, Prakash C. Objects of consciousness [J]. Frontiers in Psychology, 2014, 5：577.

[18] 明斯基. 情感机器[M]. 王文革，程玉婷，李小刚，译. 杭州：浙江人民出版社，2016：99-105，135-167.

[19] WANG P. The assumptions on knowledge and resources in models of rationality[J]. International Journal of Machine Consciousness, 2011, 3(01)：193-218.

[20] DEKABAN A S, SADOWSKY D. Changes in brain weights during the span of human life：relation of brain weights to body heights and body weights[J]. Annals of Neurology：Official Journal of the American Neurological Association and the Child Neurology Society, 1978, 4(4)：345-356.

[21] PORTMANN A. A zoologist looks at humankind[M]. New York：Columbia University Press, 1990.

[22] HARDEY J, CRICK P, WERNHAM C, et al. Raptors：a field guide for surveys and monitoring [M]. London：Stationery Office Books, 2009：282.

[23] WIKIPEDIA. Fermi paradox [EB/ OL]. [2016-01-30].

https：//en. wikipedia. org /wiki /Fermi_paradox.

[24]　KAY P, MCDANIEL C K. The linguistic significance of the meaning of basic color terms[J]. Language,1978,54(3)：610-646.

[25]　麦克卢汉.理解媒介:论人的延伸[M]. 何道宽,译. 南京:译林出版社,2011:338-384.

[26]　蔡恒进. 中国崛起的历史定位与发展方式转变的切入点[J]. 财富涌现与流转，2012,2(1)：1-6.

[27]　CAI H J, TIAN X. Chinese economic miracles under the protection of the cognitive membrane［C］//Conference on Web Based Business Management (WBM 2012). Scientific Research Publishing Inc. ,2012:606-610.

[28]　CAI H J, CAI T Q. Language acquisition and Language evolution associated with self-assertiveness demands［J］. Advances in social and Behavioral Sciences,2013,2:261-264.

[29]　诺姆·乔姆斯基,司富珍,时仲,等. 读懂我们自己:论语言与思想[J]. 语言战略研究,2022,7(06):56-72. DOI:10. 19689 / j. cnki. cn10-1361 /h. 20220605.

[30]　卡尼曼. 思考,快与慢[M]. 胡晓姣,李爱民,何梦莹,译. 北京:中信出版社,2012.

[31]　张俊林. 由 ChatGPT 反思大语言模型(LLM)的技术精要[EB/OL]. (2023-01-10)［2023-12-13］. http：//k. sina. com. cn/article_2674405451_9f68304b01901346f. html.

[32] CHOMSKY N. Science, mind, and the limits of understanding [M] //WUPPULURI S, GHIRARDI G. Space, time and the limits of human understanding. Cham, Switzerland: Springer International Publishing AG, 2017:513-521.

[33] 道金斯. 自私的基因[M]. 卢允中, 张岱云, 陈复加, 等, 译. 北京: 中信出版社, 2019.

[34] 蔡恒进. 超级智能不可承受之重——暗无限及其风险规避[J]. 山东科技大学学报(社会科学版), 2018, 20(02):9-15.

[35] 蔡恒进. 行为主义、联结主义和符号主义的贯通[J]. 上海师范大学学报(哲学社会科学版), 2020, 49(04):87-96. DOI: 10. 13852 /J. CNKI. JSHNU. 2020. 04. 008.

[36] SAMMUT C, WEBB G I. Encyclopedia of machine learning [M]. New York: Springer Science & Business Media, 2011.

[37] Cambridge Dictionary. Intelligence [DB/ OL]. [2020-09-09]. https://dictionary. cambridge. org /dictionary /english / intelligence.

[38] Dictionary. com. Intelligence [DB/ OL]. [2020-09-09]. https://www. dictionary. com /browse /intelligence.

[39] HAWKINS J, BLAKESLEE S. On intelligence: How a new understanding of the brain will lead to the creation of truly intelligent machines [M]. New York: St. Martin's Griffin, 2005.

[40] VON HELMHOLTZ H. Selected Writings of Hermann von Helmholtz[M]. Middletown, Conn.：Wesleyan University Press,1974.

[41] FRISTON K. The free-energy principle：a unified brain theory? [J]. Nature Reviews Neuroscience,2010,11(2)：127-138.

[42] TURING A M. Computing machinery and intelligence[J]. Mind,1950,59(236).

[43] 冯·诺伊曼. 计算机与人脑[M]. 王文浩,译. 北京：商务印书馆,2022.

[44] VON NEUMANN J (1948). The general and logical theory of automata[M]//Systems Research for Behavioral Science. New York：Routledge,2017：97-107.

[45] SMALE S. Mathematical problems for the next century[J]. Mathematical Intelligencer,1998,20(2)：7-15.

[46] WOLFRAM S. A short talk on AI ethics [EB/OL]. (2016-10-17) [2020-09-03]. https：//writings. stephenwolfram. com/2016/10/a-short-talk-on-ai-ethics/.

[47] TURING A M. Systems of logic based on ordinals [J]. Proceedings of the London Mathematical Society, 1939, 2 (45)：161-228.

[48] DEUTSCH D. Quantum theory, the Church-Turing principle

and the universal quantum computer [J]. Proceedings of the Royal Society of London. Series A, Mathematical and Physical Sciences,1985,400(1818):97-117.

[49] 蔡恒进,蔡天琪. 附着与隧通———心智的工作模式[J]. 湖南大学学报(社会科学版),2021,35(04):122-128. DOI:10.16339/j.cnki.hdxbskb.2012.04.017.

[50] SCHÖLKOPF B, LOCATELLO F, BAUER S, et al. Towards causal representation learning[J]. Proceedings of the IEEE, 2021,109(5):612-634.

[51] DELEUZEG. Différence et Répétition [M]. Paris: Presses Universitaires de France, 1968.

[52] MILLER G A. The magical number seven, plus or minus two: some limits on our capacity for processing information [J]. Psychological Review, 1956,63(2):81-97.

[53] BLUM M, BLUM L. A theoretical computer science perspective on consciousness [J]. Journal of Artificial Intelligence and Consciousness,2021,8(01):1-42.

[54] FRISTON K, FITZGERALD T, RIGOLI F, et al. Active inference:a process theory[J]. Neural Computation,2017,29(1):1-49.

[55] 于雪锐.斯宾诺莎的情感理论研究[D].长沙:湖南师范大学,2013.

[56]　斯宾诺莎. 伦理学[M].贺麟,译. 北京:商务印书馆,1958.

[57]　杜威. 杜威全集. 晚期著作:1925～1953. 第 14 卷:1939～1941[M].魏忠洪,译. 上海:华东师范大学出版社,2015.

[58]　EKMAN P,FRIESEN W V,ELLSWORTH P. Emotion in the human face: guidelines for research and an integration of findings [M]. New York: Pergamon Press Inc. , 1972.

[59]　蔡恒进,蔡天琪,张文蔚,等. 机器崛起前传——自我意识与人类智慧的开端[M].北京:清华大学出版社,2017.

[60]　MA S,SKARICA M, LI Q,et al. Molecular and cellular evolution of the primate dorsolateral prefrontal cortex[J]. Science,2022,377(6614):eabo7257.

[61]　BOURKE A F G. The role and rule of relatedness in altruism[J]. Nature,2021,590(7846):392-394.

[62]　HAMILTON W D. The genetical evolution of social behaviour. II[J]. Journal of Theoretical Biology,1964,7(1):17-52.

[63]　TRIVERS R L. The evolution of reciprocal altruism[J]. The Quarterly Review of Biology,1971,46(1):35-57.

[64]　BENGIO Y. The consciousness prior [J]. arXiv: 1709. 08568, 2017.

[65]　蔡恒进. 论智能的起源、进化与未来[J]. 人民论坛·学术前沿,2017(20):24-31. DOI:10. 16619/j. cnki. rmltxsqy. 2017. 20. 003.

[66] PEARL J. Probabilistic reasoning in intelligent systems: networks of plausible inference[M]. San Francisco: Morgan Kaufmann Publishers Inc. ,1988.

[67] BAARS B J, FRANKLIN S. An architectural model of conscious and unconscious brain functions: global workspace theory and IDA[J]. Neural Networks,2007,20(9):955-961.

[68] SIMON H A. The sciences of the artificial[M]. Boston: The MIT Press,1996:37-40.

[69] 胡久稔.希尔伯特第十问题[M].哈尔滨:哈尔滨工业大学出版社,2016:1-9.

[70] ORD T, KIEU T D. The diagonal method and hypercomputation [J]. The British Journal for the Philosophy of Science,2005,56(1).

[71] 徐英瑾.心智、语言和机器——维特根斯坦哲学和人工智能科学的对话[M].北京:人民出版社,2013:32-53.

[72] CALLAWAY E. 'It will change everything': DeepMind's AI makes gigantic leap in solving protein structures [J]. Nature,2020,588(7837):203-205.

[73] HINTON G. How to represent part-whole hierarchies in a neural network [J]. Neural Computation, 2023, 35 (3): 413-452.

[74] 李德毅.脑认知的形式化——从研发机器驾驶脑谈开去[J].

科技导报,2015,33(24):125.

[75] 张钹,朱军,苏航.迈向第三代人工智能[J].中国科学:信息科学,2020,50(09):1281-1302.

[76] DEVLIN J, CHANG M W, LEE K, et al. Bert: pre-training of deep bidirectional transformers for language understanding[J]. arXiv preprint arXiv:1810.04805,2018.

[77] BROWN T,MANN B,RYDER N, et al. Language models are few-shot learners[J]. Advances in Neural Information Processing System,2020,33:1877-1901.

[78] RADFORD A, KIM J W, HALLACY C, et al. Learning transferable visual models from natural language supervision [C] Proceedings of the 38th International Conference on Machine Learning,PMLR,2021:8748-8763.

[79] BOMMASANI R,HUDSON D A,ADELI E, et al. On the opportunities and risks of foundation models [J]. arXiv preprint arXiv:2108.07258,2021.

[80] 王志强.关于人工智能的政治哲学批判[J].自然辩证法通讯,2019,41(06):92-98. DOI:10.15994/j.1000-0763.2019.06.013.

[81] 吴冠军.告别"对抗性模型"——关于人工智能的后人类主义思考[J].江海学刊,2020(01):128-135,255.

[82] MANNING C D. Human language understanding & reasoning

[J]. Daedalus 2022, 151 (2)：127-138. https：//doi. org /10.
1162 /daed_a_01905.

[83]　李德毅. 机器如何像人一样认知——机器的生命观[J]. 中国
计算机学会通讯,第 18 卷,第 10 期,2022.

[84]　黄楠，王玥. Demis Hassabis：AI 的强大,超乎我们的想象
[EB /OL]. （ 2022-08-11 ） [2023-12-13]. https：//www.
leiphone. com /category /academic /euQGKdg5Epp1hYy /. html.

[85]　王峰. 人工智能需要"灵魂"吗——由大语言模型引发的可能
性及质疑[J]. 上海师范大学学报(哲学社会科学版),2023,52
(02):5-13. DOI:10. 13852 /J. CNKI. JSHNU. 2023.02.001.

[86]　苏丹,闫坤,李文宇.5G＋自动驾驶技术专利态势分析[J].通
信技术,2021,54(08):1937-1941.

[87]　付娆.浅析自动驾驶中的感知系统[J].建设机械技术与管理,
2021,34(04):123-124. DOI:10. 13824 /j. cnki. cmtm. 2021.
04.032.

[88]　朱向雷,王海弛,尤翰墨,等.自动驾驶智能系统测试研究综述
[J].软件学报,2021,32(07):2056-2077. DOI:10. 13328 /j.
cnki. jos. 006266.

[89]　林斐. 自动驾驶到达 L5 级别仍遥遥无期[N]. IT 时报,2021-
07-16(005). DOI:10. 28404 /n. cnki. nitsd. 2021.000336.